DAY - 1

1) 4 + 5	2) 3 + 0	3) 2 + 4	4) 0 + 4	5) 0 + 2	6) 4 + 5
7) 3 + 1	8) 3 + 3	9) 0 + 2	10) 0 + 3	11) 1 + 2	12) 2 + 3
13) 5 + 5	14) 5 + 3	15) 0 + 2	16) 1 + 5	17) 4 + 1	18) 4 + 1
19) 5 + 1	20) 1 + 2	21) 3 + 1	22) 3 + 4	23) 1 + 3	24) 5 + 4
25) 2 + 4	26) 2 + 2	27) 5 + 5	28) 4 + 1	29) 1 + 0	30) 3 + 5
31) 2 + 3	32) 0 + 3	33) 1 + 3	34) 1 + 3	35) 4 + 1	36) 1 + 2
37) 1 + 4	38) 0 + 4	39) 3 + 2	40) 0 + 2	41) 4 + 4	42) 3 + 2
43) 2 + 3	44) 0 + 1	45) 4 + 1	46) 2 + 0	47) 5 + 5	48) 1 + 5
49) 1 + 4	50) 0 + 3	51) 3 + 0	52) 1 + 5	53) 0 + 1	54) 5 + 1
55) 1 + 1	56) 1 + 5	57) 3 + 1	58) 3 + 5	59) 1 + 3	60) 2 + 5

DAY - 2

NAME. SCORE: /60 TIME.

1) 3 + 4

2) 2 + 1

3) 5 + 4

4) 3 + 2

5) 4 + 3

6) 2 + 5

7) 4 + 2

8) 4 + 3

9) 1 + 1

10) 2 + 3

11) 2 + 4

12) 5 + 5

13) 0 + 1

14) 5 + 1

15) 1 + 3

16) 4 + 2

17) 3 + 2

18) 4 + 1

19) 4 + 1

20) 5 + 2

21) 4 + 4

22) 2 + 3

23) 4 + 1

24) 0 + 2

25) 1 + 3

26) 2 + 3

27) 3 + 5

28) 2 + 4

29) 4 + 2

30) 5 + 1

31) 0 + 1

32) 2 + 0

33) 4 + 2

34) 5 + 2

35) 4 + 0

36) 2 + 1

37) 3 + 2

38) 1 + 4

39) 3 + 2

40) 1 + 0

41) 1 + 3

42) 5 + 0

43) 2 + 2

44) 2 + 3

45) 5 + 2

46) 4 + 2

47) 2 + 3

48) 2 + 4

49) 0 + 4

50) 5 + 3

51) 1 + 3

52) 3 + 2

53) 2 + 4

54) 4 + 3

55) 1 + 4

56) 1 + 3

57) 3 + 4

58) 0 + 2

59) 4 + 5

60) 5 + 4

DAY - 3

NAME. _____ SCORE: /60 TIME.

1) 1 + 5	2) 0 + 4	3) 1 + 3	4) 3 + 1	5) 3 + 1	6) 3 + 2
7) 5 + 0	8) 1 + 3	9) 2 + 1	10) 5 + 1	11) 4 + 3	12) 3 + 1
13) 5 + 5	14) 4 + 2	15) 4 + 2	16) 2 + 2	17) 2 + 4	18) 5 + 3
19) 1 + 0	20) 5 + 3	21) 1 + 0	22) 2 + 4	23) 4 + 1	24) 2 + 5
25) 2 + 5	26) 4 + 5	27) 4 + 2	28) 1 + 4	29) 4 + 3	30) 1 + 1
31) 5 + 3	32) 2 + 3	33) 2 + 2	34) 2 + 4	35) 2 + 4	36) 1 + 5
37) 2 + 1	38) 3 + 3	39) 4 + 5	40) 0 + 3	41) 0 + 2	42) 1 + 1
43) 4 + 2	44) 1 + 5	45) 0 + 3	46) 0 + 4	47) 2 + 4	48) 3 + 2
49) 4 + 2	50) 5 + 4	51) 5 + 2	52) 3 + 3	53) 3 + 1	54) 1 + 3
55) 1 + 4	56) 3 + 0	57) 3 + 0	58) 1 + 1	59) 1 + 2	60) 4 + 4

DAY - 4

NAME.

SCORE: / 60

TIME.

1) 5 + 4	2) 4 + 2	3) 3 + 5	4) 0 + 3	5) 3 + 2	6) 5 + 1
7) 4 + 5	8) 2 + 3	9) 4 + 2	10) 2 + 2	11) 0 + 0	12) 2 + 1
13) 2 + 5	14) 4 + 3	15) 4 + 0	16) 2 + 1	17) 4 + 2	18) 4 + 3
19) 3 + 0	20) 4 + 0	21) 4 + 1	22) 3 + 4	23) 2 + 2	24) 1 + 4
25) 0 + 3	26) 4 + 3	27) 2 + 3	28) 3 + 3	29) 3 + 3	30) 2 + 5
31) 2 + 1	32) 3 + 3	33) 4 + 1	34) 3 + 2	35) 4 + 2	36) 3 + 4
37) 5 + 4	38) 3 + 1	39) 3 + 1	40) 1 + 5	41) 0 + 2	42) 2 + 3
43) 0 + 4	44) 2 + 4	45) 0 + 2	46) 0 + 2	47) 4 + 3	48) 3 + 0
49) 5 + 1	50) 5 + 1	51) 4 + 1	52) 2 + 1	53) 3 + 4	54) 5 + 1
55) 4 + 3	56) 4 + 2	57) 4 + 2	58) 3 + 1	59) 1 + 4	60) 2 + 5

DAY - 5

NAME.
SCORE: / 60
TIME.

1) 4 + 1
2) 2 + 3
3) 1 + 3
4) 0 + 4
5) 4 + 0
6) 0 + 3

7) 0 + 1
8) 4 + 5
9) 1 + 2
10) 1 + 4
11) 2 + 2
12) 3 + 0

13) 1 + 2
14) 1 + 4
15) 2 + 1
16) 3 + 0
17) 4 + 2
18) 4 + 4

19) 5 + 1
20) 2 + 5
21) 3 + 0
22) 3 + 2
23) 4 + 4
24) 5 + 2

25) 5 + 4
26) 2 + 4
27) 1 + 3
28) 4 + 4
29) 2 + 3
30) 1 + 0

31) 1 + 3
32) 2 + 4
33) 3 + 1
34) 3 + 3
35) 3 + 5
36) 3 + 1

37) 5 + 4
38) 2 + 3
39) 2 + 3
40) 2 + 3
41) 0 + 2
42) 1 + 3

43) 5 + 3
44) 3 + 5
45) 1 + 0
46) 5 + 2
47) 4 + 1
48) 1 + 3

49) 5 + 1
50) 5 + 5
51) 0 + 3
52) 1 + 5
53) 3 + 4
54) 3 + 0

55) 4 + 2
56) 3 + 2
57) 3 + 3
58) 1 + 2
59) 2 + 2
60) 1 + 1

DAY - 6

NAME. _____ SCORE: / 60 TIME.

1. 1 + 7	2. 1 + 6	3. 5 + 2	4. 4 + 2	5. 5 + 3	6. 3 + 6
7. 2 + 6	8. 2 + 7	9. 1 + 7	10. 0 + 1	11. 0 + 7	12. 6 + 5
13. 1 + 2	14. 5 + 3	15. 3 + 6	16. 2 + 3	17. 6 + 3	18. 0 + 3
19. 7 + 4	20. 1 + 0	21. 1 + 0	22. 6 + 6	23. 1 + 7	24. 2 + 5
25. 6 + 2	26. 6 + 4	27. 3 + 6	28. 2 + 7	29. 6 + 5	30. 5 + 3
31. 3 + 3	32. 4 + 4	33. 4 + 1	34. 1 + 2	35. 1 + 1	36. 0 + 4
37. 7 + 5	38. 0 + 2	39. 1 + 3	40. 1 + 3	41. 6 + 7	42. 7 + 7
43. 2 + 3	44. 6 + 6	45. 6 + 6	46. 3 + 2	47. 5 + 0	48. 7 + 5
49. 1 + 3	50. 1 + 6	51. 5 + 1	52. 1 + 3	53. 3 + 3	54. 2 + 2
55. 3 + 2	56. 6 + 2	57. 6 + 4	58. 4 + 2	59. 0 + 7	60. 4 + 3

DAY - 7

NAME. _____ SCORE: /60 TIME.

1. 6 + 6	2. 3 + 3	3. 1 + 2	4. 2 + 0	5. 4 + 1	6. 1 + 4
7. 7 + 4	8. 4 + 6	9. 0 + 4	10. 1 + 4	11. 3 + 1	12. 7 + 5
13. 0 + 0	14. 3 + 4	15. 5 + 6	16. 3 + 4	17. 2 + 3	18. 6 + 0
19. 6 + 3	20. 0 + 3	21. 0 + 5	22. 2 + 7	23. 6 + 1	24. 0 + 4
25. 2 + 4	26. 4 + 6	27. 7 + 1	28. 5 + 1	29. 0 + 3	30. 3 + 1
31. 6 + 1	32. 4 + 3	33. 5 + 5	34. 6 + 1	35. 5 + 4	36. 5 + 5
37. 4 + 1	38. 0 + 1	39. 4 + 5	40. 2 + 0	41. 4 + 6	42. 2 + 4
43. 7 + 2	44. 2 + 5	45. 2 + 1	46. 2 + 4	47. 6 + 2	48. 1 + 4
49. 1 + 2	50. 3 + 3	51. 2 + 4	52. 2 + 0	53. 3 + 3	54. 7 + 7
55. 6 + 7	56. 3 + 6	57. 7 + 6	58. 6 + 4	59. 6 + 1	60. 6 + 1

DAY - 8

NAME.
SCORE: / 60
TIME.

1) 4 + 6	2) 2 + 5	3) 6 + 7	4) 5 + 2	5) 0 + 2	6) 5 + 7
7) 5 + 6	8) 2 + 6	9) 4 + 7	10) 3 + 1	11) 2 + 5	12) 1 + 1
13) 3 + 6	14) 1 + 6	15) 3 + 4	16) 5 + 4	17) 6 + 4	18) 5 + 6
19) 5 + 6	20) 1 + 0	21) 0 + 2	22) 6 + 4	23) 1 + 3	24) 0 + 3
25) 1 + 2	26) 2 + 6	27) 1 + 4	28) 0 + 4	29) 2 + 6	30) 4 + 2
31) 5 + 4	32) 3 + 1	33) 6 + 3	34) 7 + 6	35) 3 + 5	36) 5 + 6
37) 3 + 5	38) 7 + 5	39) 6 + 1	40) 2 + 7	41) 2 + 7	42) 6 + 6
43) 1 + 0	44) 6 + 6	45) 3 + 3	46) 3 + 5	47) 6 + 2	48) 1 + 6
49) 4 + 6	50) 1 + 3	51) 0 + 6	52) 5 + 5	53) 1 + 4	54) 3 + 1
55) 7 + 6	56) 6 + 5	57) 0 + 7	58) 6 + 6	59) 6 + 5	60) 5 + 5

DAY - 9

NAME. _____   SCORE: ___/60   TIME. ___

1. 0 + 4	2. 1 + 3	3. 4 + 4	4. 2 + 4	5. 2 + 1	6. 4 + 5
7. 0 + 6	8. 4 + 2	9. 5 + 7	10. 2 + 7	11. 6 + 2	12. 5 + 2
13. 2 + 5	14. 1 + 2	15. 4 + 4	16. 6 + 4	17. 2 + 4	18. 4 + 6
19. 5 + 2	20. 4 + 6	21. 6 + 6	22. 6 + 0	23. 3 + 0	24. 6 + 4
25. 1 + 3	26. 5 + 3	27. 7 + 5	28. 3 + 6	29. 5 + 2	30. 5 + 4
31. 1 + 3	32. 6 + 2	33. 7 + 6	34. 5 + 7	35. 4 + 6	36. 3 + 4
37. 6 + 5	38. 4 + 2	39. 2 + 1	40. 1 + 6	41. 4 + 2	42. 6 + 4
43. 6 + 3	44. 4 + 1	45. 4 + 1	46. 1 + 3	47. 3 + 1	48. 0 + 4
49. 4 + 1	50. 3 + 2	51. 2 + 6	52. 1 + 7	53. 3 + 6	54. 4 + 4
55. 2 + 1	56. 1 + 6	57. 0 + 2	58. 6 + 5	59. 2 + 0	60. 7 + 4

DAY - 10

NAME.
SCORE: / 60
TIME.

1) 3 + 6
2) 5 + 4
3) 1 + 2
4) 5 + 0
5) 3 + 6
6) 2 + 2

7) 5 + 5
8) 2 + 0
9) 7 + 4
10) 2 + 4
11) 1 + 6
12) 5 + 5

13) 2 + 5
14) 6 + 3
15) 1 + 2
16) 1 + 6
17) 4 + 4
18) 5 + 7

19) 3 + 0
20) 1 + 1
21) 2 + 4
22) 0 + 5
23) 2 + 6
24) 2 + 5

25) 3 + 2
26) 1 + 0
27) 1 + 1
28) 6 + 2
29) 5 + 3
30) 7 + 5

31) 2 + 0
32) 2 + 2
33) 1 + 2
34) 2 + 1
35) 3 + 2
36) 6 + 0

37) 7 + 5
38) 3 + 3
39) 4 + 6
40) 5 + 6
41) 2 + 5
42) 0 + 6

43) 7 + 2
44) 3 + 4
45) 3 + 3
46) 5 + 4
47) 6 + 5
48) 6 + 3

49) 3 + 4
50) 1 + 7
51) 2 + 2
52) 4 + 5
53) 0 + 0
54) 7 + 1

55) 2 + 0
56) 6 + 4
57) 1 + 5
58) 3 + 6
59) 5 + 5
60) 5 + 2

DAY - 11

NAME. ___ SCORE: ___ / 60 TIME. ___

1. 10 + 2	2. 9 + 1	3. 9 + 3	4. 5 + 6	5. 6 + 2	6. 10 + 5
7. 6 + 2	8. 4 + 6	9. 0 + 6	10. 6 + 3	11. 2 + 4	12. 10 + 3
13. 1 + 0	14. 3 + 5	15. 1 + 7	16. 6 + 3	17. 3 + 7	18. 9 + 1
19. 7 + 0	20. 2 + 9	21. 6 + 8	22. 10 + 1	23. 8 + 3	24. 9 + 6
25. 8 + 9	26. 7 + 8	27. 6 + 10	28. 1 + 6	29. 8 + 9	30. 3 + 2
31. 8 + 7	32. 3 + 3	33. 2 + 0	34. 3 + 2	35. 1 + 9	36. 10 + 6
37. 7 + 0	38. 1 + 9	39. 8 + 0	40. 1 + 8	41. 3 + 3	42. 4 + 2
43. 3 + 3	44. 8 + 3	45. 4 + 6	46. 4 + 5	47. 9 + 0	48. 4 + 1
49. 8 + 3	50. 2 + 0	51. 1 + 7	52. 5 + 6	53. 8 + 5	54. 1 + 8
55. 5 + 2	56. 7 + 2	57. 6 + 9	58. 5 + 2	59. 0 + 5	60. 6 + 7

DAY - 12

NAME. SCORE: /60 TIME.

1) 9 + 4	2) 6 + 2	3) 2 + 10	4) 6 + 3	5) 3 + 7	6) 10 + 9
7) 9 + 6	8) 7 + 9	9) 9 + 7	10) 4 + 3	11) 0 + 1	12) 1 + 9
13) 5 + 5	14) 1 + 3	15) 7 + 5	16) 2 + 10	17) 7 + 6	18) 4 + 1
19) 3 + 1	20) 10 + 5	21) 3 + 7	22) 5 + 7	23) 5 + 6	24) 5 + 7
25) 7 + 1	26) 6 + 10	27) 8 + 7	28) 7 + 5	29) 2 + 5	30) 2 + 1
31) 9 + 7	32) 7 + 1	33) 7 + 8	34) 1 + 4	35) 6 + 8	36) 8 + 0
37) 6 + 1	38) 5 + 4	39) 5 + 7	40) 1 + 1	41) 5 + 7	42) 6 + 2
43) 8 + 1	44) 8 + 2	45) 6 + 6	46) 6 + 6	47) 5 + 2	48) 3 + 9
49) 8 + 5	50) 1 + 9	51) 5 + 2	52) 3 + 7	53) 4 + 3	54) 1 + 2
55) 5 + 2	56) 6 + 7	57) 0 + 8	58) 1 + 9	59) 2 + 10	60) 4 + 3

DAY - 13

NAME.
SCORE: / 60
TIME.

1) 2 + 4	2) 9 + 4	3) 1 + 4	4) 3 + 3	5) 5 + 4	6) 8 + 2
7) 4 + 2	8) 5 + 0	9) 1 + 9	10) 1 + 10	11) 4 + 2	12) 10 + 0
13) 8 + 4	14) 3 + 3	15) 8 + 7	16) 1 + 6	17) 5 + 1	18) 9 + 9
19) 8 + 0	20) 9 + 3	21) 9 + 5	22) 6 + 8	23) 2 + 2	24) 7 + 2
25) 3 + 9	26) 7 + 3	27) 6 + 6	28) 6 + 1	29) 9 + 4	30) 1 + 7
31) 5 + 5	32) 5 + 9	33) 10 + 6	34) 1 + 9	35) 9 + 3	36) 7 + 1
37) 1 + 1	38) 9 + 1	39) 3 + 9	40) 7 + 2	41) 8 + 7	42) 4 + 3
43) 1 + 2	44) 7 + 4	45) 9 + 7	46) 3 + 8	47) 6 + 4	48) 8 + 0
49) 0 + 8	50) 8 + 3	51) 5 + 2	52) 6 + 1	53) 2 + 7	54) 3 + 4
55) 1 + 5	56) 3 + 4	57) 7 + 7	58) 9 + 4	59) 0 + 10	60) 2 + 10

DAY - 14

NAME. SCORE: / 60 TIME.

1) 7 + 1	2) 5 + 6	3) 1 + 2	4) 4 + 9	5) 8 + 5	6) 9 + 4
7) 9 + 7	8) 2 + 6	9) 5 + 1	10) 3 + 5	11) 7 + 1	12) 8 + 2
13) 2 + 8	14) 0 + 8	15) 9 + 4	16) 9 + 7	17) 5 + 4	18) 2 + 2
19) 6 + 10	20) 7 + 6	21) 1 + 3	22) 5 + 3	23) 4 + 5	24) 7 + 2
25) 8 + 2	26) 6 + 2	27) 3 + 1	28) 4 + 4	29) 2 + 4	30) 6 + 3
31) 7 + 8	32) 8 + 5	33) 7 + 9	34) 8 + 3	35) 4 + 4	36) 1 + 3
37) 9 + 2	38) 8 + 7	39) 6 + 5	40) 6 + 10	41) 5 + 5	42) 3 + 2
43) 3 + 8	44) 1 + 2	45) 8 + 9	46) 3 + 2	47) 1 + 5	48) 9 + 4
49) 7 + 2	50) 2 + 1	51) 2 + 0	52) 1 + 9	53) 0 + 7	54) 0 + 4
55) 7 + 4	56) 8 + 8	57) 7 + 4	58) 5 + 4	59) 1 + 3	60) 3 + 0

DAY - 15

NAME.
SCORE: / 60
TIME.

1) 8 + 3	2) 6 + 2	3) 8 + 4	4) 8 + 8	5) 5 + 8	6) 3 + 8
7) 3 + 1	8) 5 + 4	9) 6 + 5	10) 1 + 6	11) 4 + 3	12) 8 + 0
13) 6 + 5	14) 2 + 5	15) 0 + 4	16) 7 + 2	17) 9 + 7	18) 6 + 9
19) 3 + 3	20) 2 + 5	21) 1 + 6	22) 6 + 5	23) 1 + 10	24) 9 + 2
25) 1 + 2	26) 8 + 1	27) 7 + 4	28) 3 + 8	29) 8 + 3	30) 7 + 4
31) 6 + 7	32) 1 + 7	33) 9 + 4	34) 10 + 10	35) 8 + 1	36) 9 + 6
37) 8 + 4	38) 4 + 5	39) 4 + 8	40) 3 + 7	41) 1 + 5	42) 8 + 0
43) 5 + 10	44) 2 + 9	45) 6 + 5	46) 2 + 8	47) 4 + 10	48) 1 + 3
49) 7 + 4	50) 2 + 7	51) 9 + 6	52) 1 + 0	53) 6 + 2	54) 5 + 10
55) 2 + 9	56) 4 + 0	57) 7 + 5	58) 8 + 7	59) 5 + 3	60) 8 + 5

DAY - 16

NAME. SCORE: / 60 TIME.

1) 4 + 4	2) 3 + 10	3) 10 + 0	4) 7 + 6	5) 8 + 7	6) 8 + 9
7) 10 + 4	8) 6 + 3	9) 2 + 1	10) 8 + 7	11) 0 + 8	12) 7 + 6
13) 6 + 6	14) 0 + 3	15) 6 + 2	16) 1 + 4	17) 4 + 6	18) 5 + 2
19) 5 + 9	20) 3 + 2	21) 6 + 2	22) 5 + 2	23) 8 + 1	24) 3 + 10
25) 10 + 6	26) 8 + 9	27) 2 + 1	28) 0 + 5	29) 0 + 4	30) 7 + 1
31) 4 + 9	32) 7 + 9	33) 6 + 7	34) 4 + 10	35) 4 + 4	36) 7 + 0
37) 5 + 6	38) 7 + 6	39) 4 + 9	40) 9 + 7	41) 1 + 1	42) 2 + 10
43) 1 + 8	44) 6 + 7	45) 8 + 5	46) 6 + 3	47) 0 + 1	48) 5 + 4
49) 6 + 9	50) 5 + 8	51) 7 + 3	52) 9 + 7	53) 4 + 9	54) 6 + 5
55) 8 + 7	56) 6 + 7	57) 7 + 6	58) 5 + 3	59) 3 + 2	60) 5 + 2

DAY - 17

NAME. _____ SCORE: /60 TIME. _____

1) 5 + 8	2) 8 + 3	3) 1 + 7	4) 2 + 4	5) 4 + 1	6) 6 + 8
7) 3 + 6	8) 5 + 3	9) 7 + 1	10) 5 + 1	11) 2 + 4	12) 9 + 10
13) 2 + 6	14) 3 + 6	15) 7 + 5	16) 10 + 5	17) 6 + 2	18) 2 + 1
19) 7 + 9	20) 10 + 1	21) 4 + 2	22) 2 + 10	23) 2 + 3	24) 8 + 6
25) 9 + 5	26) 10 + 3	27) 7 + 4	28) 1 + 10	29) 7 + 5	30) 9 + 8
31) 8 + 8	32) 5 + 4	33) 7 + 7	34) 5 + 9	35) 3 + 9	36) 10 + 8
37) 8 + 9	38) 8 + 1	39) 7 + 5	40) 7 + 3	41) 4 + 4	42) 9 + 9
43) 4 + 8	44) 3 + 5	45) 0 + 4	46) 7 + 0	47) 2 + 6	48) 2 + 4
49) 7 + 2	50) 8 + 3	51) 7 + 9	52) 6 + 8	53) 1 + 9	54) 2 + 6
55) 1 + 9	56) 1 + 9	57) 7 + 1	58) 2 + 5	59) 2 + 3	60) 2 + 3

DAY - 18

NAME. _____ SCORE: /60 TIME.

1. $6+7$	2. $4+6$	3. $3+7$	4. $8+3$	5. $1+7$	6. $10+7$
7. $1+5$	8. $1+10$	9. $5+1$	10. $5+1$	11. $4+1$	12. $9+3$
13. $3+5$	14. $6+4$	15. $5+7$	16. $8+1$	17. $4+9$	18. $3+5$
19. $8+7$	20. $8+2$	21. $8+7$	22. $1+2$	23. $5+9$	24. $7+1$
25. $4+7$	26. $6+7$	27. $3+0$	28. $6+0$	29. $3+4$	30. $3+6$
31. $2+7$	32. $3+0$	33. $2+1$	34. $6+8$	35. $1+8$	36. $2+4$
37. $10+9$	38. $9+4$	39. $4+3$	40. $0+7$	41. $1+5$	42. $9+10$
43. $3+1$	44. $5+1$	45. $4+1$	46. $8+5$	47. $2+4$	48. $4+2$
49. $3+10$	50. $5+4$	51. $3+3$	52. $8+6$	53. $8+6$	54. $7+0$
55. $9+9$	56. $4+9$	57. $8+9$	58. $6+2$	59. $1+2$	60. $8+0$

DAY - 19

NAME.
SCORE: /60
TIME.

1. 0 + 8
2. 7 + 6
3. 6 + 4
4. 8 + 6
5. 3 + 9
6. 1 + 6
7. 7 + 10
8. 1 + 8
9. 5 + 5
10. 1 + 6
11. 8 + 6
12. 3 + 5
13. 1 + 6
14. 6 + 7
15. 6 + 8
16. 8 + 1
17. 4 + 1
18. 9 + 4
19. 8 + 5
20. 3 + 4
21. 7 + 2
22. 8 + 4
23. 9 + 2
24. 8 + 2
25. 7 + 7
26. 3 + 2
27. 9 + 9
28. 9 + 5
29. 9 + 3
30. 7 + 4
31. 2 + 7
32. 6 + 1
33. 3 + 7
34. 1 + 4
35. 6 + 4
36. 5 + 1
37. 4 + 5
38. 7 + 8
39. 0 + 3
40. 6 + 5
41. 6 + 4
42. 7 + 6
43. 1 + 2
44. 1 + 3
45. 7 + 4
46. 2 + 4
47. 3 + 3
48. 5 + 5
49. 7 + 6
50. 5 + 4
51. 4 + 5
52. 8 + 2
53. 6 + 6
54. 0 + 5
55. 4 + 2
56. 5 + 8
57. 2 + 2
58. 5 + 4
59. 1 + 2
60. 3 + 8

DAY - 20

NAME.
SCORE: / 60
TIME.

1) 7 + 2	2) 7 + 0	3) 6 + 8	4) 4 + 7	5) 5 + 7	6) 6 + 7
7) 4 + 5	8) 2 + 5	9) 7 + 1	10) 7 + 9	11) 6 + 8	12) 7 + 6
13) 7 + 4	14) 3 + 4	15) 6 + 0	16) 9 + 8	17) 6 + 7	18) 8 + 2
19) 0 + 2	20) 1 + 10	21) 3 + 8	22) 4 + 5	23) 2 + 3	24) 4 + 2
25) 5 + 3	26) 2 + 5	27) 6 + 5	28) 1 + 8	29) 9 + 6	30) 8 + 7
31) 3 + 1	32) 2 + 6	33) 2 + 1	34) 4 + 3	35) 2 + 5	36) 2 + 7
37) 6 + 6	38) 4 + 4	39) 3 + 4	40) 5 + 7	41) 3 + 7	42) 7 + 9
43) 5 + 9	44) 9 + 1	45) 7 + 5	46) 6 + 2	47) 8 + 2	48) 9 + 10
49) 8 + 8	50) 5 + 9	51) 9 + 7	52) 7 + 7	53) 2 + 5	54) 10 + 7
55) 7 + 2	56) 9 + 1	57) 2 + 7	58) 0 + 6	59) 10 + 8	60) 1 + 8

DAY - 21

NAME.   SCORE: /60   TIME.

1. 4 + 5	2. 7 + 2	3. 8 + 7	4. 8 + 9	5. 4 + 3	6. 6 + 8
7. 10 + 9	8. 4 + 10	9. 6 + 0	10. 4 + 7	11. 6 + 1	12. 8 + 2
13. 4 + 8	14. 2 + 3	15. 5 + 0	16. 9 + 9	17. 9 + 2	18. 1 + 7
19. 7 + 4	20. 2 + 7	21. 8 + 7	22. 8 + 1	23. 9 + 6	24. 6 + 1
25. 8 + 7	26. 1 + 3	27. 7 + 7	28. 9 + 8	29. 3 + 1	30. 6 + 1
31. 1 + 1	32. 7 + 0	33. 1 + 8	34. 7 + 10	35. 8 + 0	36. 7 + 9
37. 9 + 9	38. 3 + 7	39. 0 + 9	40. 7 + 10	41. 5 + 9	42. 0 + 0
43. 3 + 1	44. 2 + 7	45. 2 + 4	46. 4 + 7	47. 9 + 7	48. 9 + 4
49. 1 + 9	50. 0 + 1	51. 1 + 2	52. 7 + 8	53. 7 + 6	54. 6 + 9
55. 1 + 2	56. 4 + 7	57. 8 + 3	58. 8 + 9	59. 0 + 1	60. 7 + 0

DAY - 22

NAME. _____ SCORE: /60 TIME.

1. 7 + 1	2. 2 + 8	3. 5 + 10	4. 1 + 2	5. 6 + 10	6. 8 + 2
7. 8 + 3	8. 1 + 2	9. 4 + 5	10. 5 + 4	11. 2 + 4	12. 5 + 5
13. 10 + 4	14. 3 + 10	15. 10 + 8	16. 10 + 4	17. 7 + 5	18. 3 + 5
19. 0 + 2	20. 1 + 0	21. 7 + 4	22. 7 + 2	23. 8 + 7	24. 4 + 3
25. 4 + 8	26. 2 + 7	27. 3 + 8	28. 1 + 4	29. 2 + 6	30. 3 + 7
31. 4 + 5	32. 4 + 7	33. 2 + 3	34. 10 + 7	35. 3 + 5	36. 2 + 1
37. 2 + 2	38. 3 + 8	39. 3 + 9	40. 9 + 4	41. 5 + 5	42. 0 + 2
43. 9 + 2	44. 3 + 0	45. 8 + 4	46. 9 + 6	47. 0 + 1	48. 2 + 5
49. 9 + 10	50. 8 + 3	51. 8 + 3	52. 1 + 5	53. 4 + 2	54. 3 + 7
55. 7 + 6	56. 7 + 3	57. 9 + 8	58. 6 + 7	59. 2 + 6	60. 2 + 1

DAY - 23

NAME. 　　SCORE: /60 　　TIME.

#	a	b	#	a	b	#	a	b	#	a	b	#	a	b	#	a	b
1	0	+0	2	5	+4	3	7	+1	4	3	+9	5	0	+2	6	8	+4
7	8	+4	8	5	+9	9	2	+9	10	10	+2	11	9	+5	12	9	+8
13	0	+9	14	5	+4	15	7	+0	16	10	+2	17	6	+9	18	5	+7
19	8	+8	20	7	+1	21	8	+4	22	9	+1	23	8	+3	24	2	+6
25	2	+7	26	3	+8	27	9	+9	28	9	+2	29	6	+4	30	2	+7
31	1	+10	32	9	+5	33	2	+10	34	4	+10	35	1	+8	36	7	+7
37	5	+3	38	7	+1	39	6	+9	40	3	+4	41	2	+7	42	5	+8
43	6	+6	44	7	+5	45	3	+5	46	7	+7	47	0	+9	48	0	+1
49	5	+1	50	4	+4	51	3	+4	52	7	+6	53	1	+1	54	2	+1
55	1	+7	56	8	+8	57	0	+1	58	3	+5	59	7	+3	60	3	+4

DAY - 24

NAME.
SCORE: / 60
TIME.

1) 0 + 4	2) 9 + 6	3) 2 + 2	4) 4 + 0	5) 1 + 5	6) 0 + 8
7) 4 + 6	8) 1 + 9	9) 2 + 9	10) 1 + 0	11) 6 + 6	12) 1 + 4
13) 10 + 2	14) 4 + 8	15) 2 + 5	16) 2 + 7	17) 2 + 1	18) 5 + 5
19) 9 + 7	20) 9 + 4	21) 9 + 9	22) 7 + 1	23) 10 + 5	24) 5 + 3
25) 6 + 6	26) 4 + 10	27) 6 + 10	28) 7 + 2	29) 2 + 3	30) 0 + 7
31) 7 + 2	32) 6 + 5	33) 5 + 3	34) 10 + 2	35) 6 + 6	36) 10 + 8
37) 9 + 0	38) 2 + 9	39) 5 + 5	40) 9 + 5	41) 8 + 7	42) 4 + 9
43) 6 + 8	44) 5 + 1	45) 8 + 6	46) 1 + 4	47) 7 + 7	48) 5 + 9
49) 10 + 1	50) 1 + 1	51) 6 + 7	52) 5 + 6	53) 5 + 2	54) 5 + 9
55) 6 + 10	56) 8 + 2	57) 1 + 3	58) 6 + 6	59) 4 + 4	60) 8 + 4

DAY - 25

NAME.
SCORE: /60
TIME.

1) 4 + 3	2) 2 + 1	3) 4 + 7	4) 4 + 5	5) 6 + 2	6) 3 + 7
7) 7 + 1	8) 4 + 8	9) 10 + 3	10) 8 + 5	11) 3 + 8	12) 7 + 7
13) 8 + 6	14) 1 + 7	15) 3 + 4	16) 2 + 9	17) 5 + 7	18) 3 + 4
19) 9 + 2	20) 5 + 2	21) 7 + 9	22) 3 + 1	23) 1 + 4	24) 9 + 1
25) 1 + 6	26) 7 + 9	27) 5 + 8	28) 10 + 6	29) 1 + 2	30) 5 + 6
31) 4 + 2	32) 3 + 2	33) 2 + 7	34) 1 + 4	35) 4 + 1	36) 2 + 4
37) 0 + 5	38) 1 + 3	39) 5 + 3	40) 6 + 10	41) 2 + 5	42) 5 + 7
43) 6 + 9	44) 5 + 5	45) 9 + 7	46) 4 + 7	47) 3 + 10	48) 2 + 1
49) 4 + 2	50) 4 + 5	51) 8 + 0	52) 9 + 6	53) 1 + 6	54) 5 + 2
55) 4 + 1	56) 10 + 2	57) 6 + 6	58) 10 + 2	59) 8 + 2	60) 4 + 6

DAY - 26

NAME. SCORE: / 60 TIME.

1) 10 - 4	2) 9 - 3	3) 7 - 2	4) 7 - 2	5) 6 - 4	6) 9 - 3
7) 7 - 3	8) 6 - 4	9) 5 - 0	10) 6 - 3	11) 10 - 5	12) 9 - 3
13) 8 - 1	14) 6 - 1	15) 8 - 4	16) 7 - 4	17) 6 - 2	18) 9 - 3
19) 6 - 4	20) 6 - 4	21) 8 - 2	22) 7 - 1	24) 7 - 1	24) 9 - 4
25) 10 - 3	26) 9 - 3	27) 9 - 2	28) 10 - 4	29) 6 - 3	30) 8 - 1
31) 6 - 2	32) 7 - 1	33) 9 - 4	34) 10 - 2	35) 6 - 5	36) 6 - 4
37) 9 - 1	38) 6 - 4	39) 10 - 4	40) 6 - 3	41) 7 - 1	42) 7 - 2
43) 7 - 4	44) 8 - 3	45) 7 - 2	46) 6 - 3	47) 6 - 4	48) 8 - 1
49) 8 - 5	50) 8 - 4	51) 9 - 3	52) 8 - 3	53) 10 - 0	54) 7 - 4
55) 8 - 2	56) 8 - 5	57) 10 - 3	58) 6 - 0	59) 5 - 2	60) 7 - 3

DAY - 27

NAME.
SCORE: / 60
TIME.

1) 10 - 2	2) 9 - 3	3) 7 - 4	4) 5 - 0	5) 8 - 0	6) 8 - 5
7) 10 - 2	8) 8 - 4	9) 9 - 4	10) 6 - 1	11) 8 - 1	12) 7 - 3
13) 6 - 3	14) 6 - 0	15) 7 - 4	16) 6 - 3	17) 9 - 2	18) 7 - 3
19) 7 - 2	20) 8 - 1	21) 5 - 4	22) 8 - 3	24) 5 - 3	24) 10 - 4
25) 7 - 0	26) 6 - 0	27) 7 - 1	28) 8 - 0	29) 9 - 1	30) 10 - 0
31) 6 - 3	32) 8 - 0	33) 6 - 4	34) 8 - 5	35) 10 - 2	36) 7 - 1
37) 7 - 4	38) 7 - 4	39) 7 - 3	40) 7 - 2	41) 5 - 3	42) 8 - 1
43) 7 - 3	44) 9 - 0	45) 10 - 1	46) 10 - 3	47) 9 - 3	48) 9 - 3
49) 9 - 3	50) 6 - 3	51) 6 - 5	52) 5 - 1	53) 7 - 4	54) 6 - 5
55) 9 - 3	56) 5 - 0	57) 8 - 5	58) 6 - 0	59) 9 - 2	60) 8 - 3

DAY - 28

NAME.
SCORE: / 60
TIME.

1) 5 - 4
2) 9 - 2
3) 9 - 2
4) 8 - 2
5) 8 - 4
6) 6 - 2

7) 7 - 0
8) 10 - 3
9) 7 - 3
10) 8 - 1
11) 7 - 3
12) 6 - 1

13) 7 - 2
14) 8 - 4
15) 10 - 4
16) 9 - 1
17) 9 - 3
18) 9 - 2

19) 5 - 1
20) 5 - 1
21) 6 - 3
22) 6 - 5
24) 6 - 0
24) 8 - 1

25) 9 - 4
26) 8 - 2
27) 6 - 3
28) 5 - 3
29) 9 - 4
30) 5 - 0

31) 10 - 5
32) 6 - 1
33) 6 - 5
34) 9 - 4
35) 8 - 0
36) 9 - 3

37) 7 - 1
38) 8 - 2
39) 10 - 5
40) 7 - 5
41) 8 - 4
42) 9 - 4

43) 9 - 2
44) 7 - 1
45) 7 - 1
46) 10 - 5
47) 8 - 0
48) 10 - 4

49) 10 - 3
50) 8 - 2
51) 9 - 5
52) 8 - 3
53) 9 - 3
54) 7 - 1

55) 9 - 4
56) 6 - 2
57) 8 - 1
58) 9 - 1
59) 8 - 2
60) 7 - 2

DAY - 29

NAME. SCORE: /60 TIME.

1) 9 - 2
2) 8 - 1
3) 7 - 1
4) 9 - 0
5) 9 - 5
6) 5 - 0

7) 7 - 3
8) 6 - 4
9) 8 - 0
10) 7 - 1
11) 9 - 3
12) 7 - 2

13) 6 - 4
14) 6 - 4
15) 7 - 3
16) 7 - 5
17) 7 - 4
18) 5 - 2

19) 6 - 1
20) 8 - 3
21) 7 - 3
22) 10 - 0
24) 5 - 1
24) 5 - 1

25) 6 - 3
26) 7 - 0
27) 8 - 1
28) 6 - 2
29) 8 - 4
30) 5 - 1

31) 9 - 2
32) 10 - 4
33) 5 - 4
34) 6 - 4
35) 5 - 2
36) 6 - 2

37) 5 - 1
38) 9 - 4
39) 9 - 2
40) 8 - 1
41) 9 - 4
42) 9 - 2

43) 10 - 1
44) 9 - 0
45) 10 - 3
46) 5 - 3
47) 8 - 5
48) 6 - 3

49) 7 - 1
50) 7 - 3
51) 9 - 3
52) 8 - 1
53) 10 - 4
54) 7 - 2

55) 10 - 0
56) 6 - 1
57) 9 - 5
58) 7 - 3
59) 8 - 5
60) 8 - 5

DAY - 30

NAME. _____ SCORE: / 60 TIME.

1) 6 − 1	2) 9 − 2	3) 10 − 2	4) 6 − 4	5) 9 − 3	6) 6 − 2
7) 6 − 3	8) 9 − 4	9) 5 − 4	10) 8 − 2	11) 7 − 3	12) 6 − 3
13) 5 − 2	14) 8 − 4	15) 9 − 1	16) 6 − 1	17) 8 − 1	18) 7 − 2
19) 6 − 2	20) 10 − 4	21) 5 − 4	22) 10 − 3	23) 6 − 5	24) 8 − 0
25) 7 − 4	26) 8 − 3	27) 7 − 2	28) 6 − 5	29) 10 − 1	30) 6 − 4
31) 9 − 1	32) 8 − 4	33) 10 − 4	34) 7 − 4	35) 7 − 5	36) 8 − 5
37) 9 − 2	38) 7 − 4	39) 6 − 3	40) 5 − 1	41) 8 − 2	42) 8 − 4
43) 9 − 2	44) 6 − 0	45) 8 − 4	46) 10 − 2	47) 6 − 5	48) 7 − 0
49) 7 − 2	50) 7 − 4	51) 9 − 2	52) 7 − 4	53) 9 − 5	54) 5 − 3
55) 9 − 5	56) 7 − 0	57) 7 − 1	58) 7 − 2	59) 6 − 0	60) 9 − 0

DAY - 31

NAME.

SCORE: /60

TIME.

1) 17 - 2	2) 16 - 9	3) 19 - 0	4) 19 - 3	5) 17 - 3	6) 14 - 7
7) 13 - 8	8) 13 - 8	9) 14 - 5	10) 18 - 3	11) 12 - 6	12) 17 - 1
13) 18 - 4	14) 13 - 2	15) 13 - 3	16) 18 - 1	17) 13 - 5	18) 13 - 0
19) 18 - 9	20) 17 - 2	21) 19 - 10	22) 16 - 5	24) 18 - 8	24) 13 - 0
25) 20 - 8	26) 13 - 5	27) 11 - 5	28) 18 - 0	29) 12 - 5	30) 20 - 3
31) 10 - 0	32) 13 - 5	33) 19 - 9	34) 12 - 6	35) 14 - 5	36) 10 - 4
37) 13 - 8	38) 12 - 10	39) 20 - 8	40) 17 - 6	41) 19 - 9	42) 11 - 5
43) 17 - 3	44) 11 - 6	45) 16 - 2	46) 14 - 9	47) 12 - 9	48) 18 - 8
49) 18 - 9	50) 20 - 4	51) 19 - 3	52) 17 - 4	53) 17 - 5	54) 16 - 2
55) 17 - 7	56) 11 - 5	57) 13 - 8	58) 15 - 8	59) 16 - 2	60) 12 - 3

DAY - 32

NAME. SCORE: /60 TIME.

1) 10 - 9
2) 18 - 5
3) 16 - 1
4) 19 - 1
5) 16 - 1
6) 14 - 5

7) 20 - 7
8) 17 - 7
9) 19 - 8
10) 13 - 0
11) 15 - 8
12) 20 - 1

13) 17 - 3
14) 16 - 6
15) 16 - 8
16) 11 - 4
17) 16 - 6
18) 17 - 7

19) 11 - 7
20) 20 - 1
21) 20 - 5
22) 18 - 6
24) 16 - 7
24) 15 - 3

25) 13 - 0
26) 19 - 0
27) 15 - 3
28) 17 - 6
29) 17 - 9
30) 11 - 5

31) 19 - 10
32) 13 - 7
33) 13 - 3
34) 15 - 10
35) 18 - 6
36) 13 - 9

37) 19 - 1
38) 14 - 3
39) 14 - 4
40) 11 - 9
41) 18 - 3
42) 12 - 3

43) 15 - 8
44) 12 - 1
45) 13 - 7
46) 18 - 1
47) 15 - 10
48) 12 - 5

49) 20 - 8
50) 19 - 2
51) 13 - 3
52) 18 - 4
53) 10 - 3
54) 16 - 9

55) 14 - 6
56) 13 - 8
57) 18 - 3
58) 13 - 4
59) 16 - 3
60) 14 - 10

DAY - 33

NAME. 　　 SCORE: /60 　　 TIME.

1) 10 − 1	2) 16 − 10	3) 20 − 8	4) 16 − 8	5) 11 − 1	6) 16 − 2
7) 17 − 2	8) 14 − 6	9) 12 − 0	10) 13 − 10	11) 17 − 6	12) 18 − 9
13) 15 − 6	14) 11 − 1	15) 13 − 7	16) 17 − 6	17) 18 − 3	18) 20 − 3
19) 19 − 8	20) 15 − 6	21) 11 − 8	22) 13 − 2	24) 20 − 3	24) 15 − 2
25) 11 − 3	26) 13 − 7	27) 15 − 3	28) 12 − 6	29) 15 − 3	30) 12 − 5
31) 19 − 8	32) 14 − 2	33) 15 − 0	34) 15 − 3	35) 20 − 8	36) 10 − 8
37) 17 − 9	38) 19 − 2	39) 14 − 5	40) 18 − 9	41) 12 − 0	42) 16 − 4
43) 20 − 5	44) 17 − 3	45) 14 − 2	46) 11 − 9	47) 12 − 4	48) 13 − 7
49) 17 − 5	50) 20 − 7	51) 19 − 1	52) 12 − 6	53) 16 − 6	54) 12 − 10
55) 15 − 1	56) 13 − 6	57) 11 − 5	58) 19 − 1	59) 18 − 2	60) 15 − 2

DAY - 34

NAME.
SCORE: / 60
TIME.

1) 13 - 5	2) 16 - 5	3) 19 - 3	4) 15 - 1	5) 12 - 4	6) 11 - 2
7) 10 - 7	8) 16 - 4	9) 18 - 9	10) 14 - 6	11) 17 - 10	12) 18 - 5
13) 10 - 0	14) 20 - 7	15) 19 - 3	16) 14 - 4	17) 20 - 2	18) 10 - 4
19) 18 - 10	20) 19 - 4	21) 12 - 5	22) 11 - 1	24) 17 - 0	24) 19 - 0
25) 18 - 3	26) 18 - 10	27) 20 - 8	28) 15 - 4	29) 15 - 1	30) 13 - 10
31) 17 - 10	32) 12 - 9	33) 17 - 1	34) 11 - 7	35) 12 - 9	36) 16 - 5
37) 13 - 9	38) 16 - 6	39) 13 - 8	40) 14 - 9	41) 15 - 6	42) 11 - 9
43) 15 - 6	44) 12 - 3	45) 13 - 6	46) 11 - 4	47) 10 - 10	48) 17 - 2
49) 11 - 7	50) 10 - 5	51) 16 - 1	52) 13 - 6	53) 15 - 3	54) 12 - 8
55) 18 - 10	56) 17 - 8	57) 16 - 1	58) 10 - 9	59) 15 - 3	60) 12 - 9

DAY - 35

NAME. SCORE: /60 TIME.

1. 12 − 3	2. 13 − 0	3. 13 − 1	4. 18 − 7	5. 19 − 1	6. 14 − 3
7. 11 − 7	8. 16 − 2	9. 11 − 4	10. 18 − 10	11. 17 − 5	12. 19 − 2
13. 11 − 8	14. 15 − 4	15. 14 − 3	16. 14 − 10	17. 19 − 10	18. 17 − 4
19. 11 − 5	20. 11 − 7	21. 11 − 8	22. 14 − 8	24. 18 − 0	24. 17 − 2
25. 16 − 9	26. 15 − 3	27. 12 − 3	28. 10 − 9	29. 13 − 9	30. 16 − 6
31. 14 − 7	32. 10 − 10	33. 18 − 2	34. 19 − 9	35. 17 − 2	36. 13 − 6
37. 14 − 6	38. 17 − 5	39. 16 − 4	40. 20 − 4	41. 19 − 0	42. 19 − 3
43. 10 − 5	44. 16 − 9	45. 12 − 6	46. 13 − 8	47. 20 − 7	48. 16 − 6
49. 11 − 2	50. 13 − 1	51. 16 − 7	52. 17 − 7	53. 12 − 7	54. 15 − 0
55. 18 − 6	56. 14 − 9	57. 18 − 8	58. 17 − 8	59. 20 − 0	60. 13 − 9

DAY - 36

NAME. SCORE: /60 TIME.

1. 11 - 8
2. 19 - 4
3. 13 - 8
4. 16 - 2
5. 12 - 6
6. 19 - 8

7. 12 - 1
8. 11 - 1
9. 14 - 9
10. 11 - 4
11. 16 - 8
12. 19 - 0

13. 16 - 6
14. 18 - 5
15. 17 - 9
16. 18 - 8
17. 17 - 7
18. 12 - 9

19. 19 - 3
20. 13 - 6
21. 11 - 5
22. 11 - 5
24. 17 - 1
24. 11 - 6

25. 13 - 7
26. 19 - 1
27. 14 - 5
28. 19 - 6
29. 13 - 0
30. 18 - 0

31. 14 - 9
32. 10 - 1
33. 14 - 2
34. 19 - 7
35. 19 - 6
36. 16 - 2

37. 13 - 10
38. 18 - 10
39. 18 - 7
40. 13 - 2
41. 16 - 4
42. 19 - 6

43. 18 - 3
44. 19 - 9
45. 16 - 6
46. 11 - 2
47. 11 - 8
48. 19 - 1

49. 14 - 1
50. 11 - 4
51. 13 - 2
52. 20 - 7
53. 19 - 0
54. 16 - 1

55. 12 - 9
56. 18 - 5
57. 15 - 7
58. 16 - 8
59. 14 - 3
60. 18 - 6

DAY - 37

NAME.
SCORE: / 60
TIME.

1. 18 - 6	2. 19 - 9	3. 16 - 2	4. 17 - 8	5. 13 - 8	6. 15 - 1
7. 19 - 1	8. 17 - 3	9. 17 - 3	10. 12 - 2	11. 19 - 8	12. 20 - 9
13. 10 - 1	14. 10 - 3	15. 18 - 5	16. 14 - 4	17. 16 - 7	18. 15 - 2
19. 19 - 6	20. 10 - 7	21. 12 - 9	22. 16 - 2	24. 18 - 5	24. 11 - 9
25. 19 - 9	26. 13 - 6	27. 12 - 10	28. 16 - 6	29. 19 - 0	30. 17 - 3
31. 14 - 7	32. 13 - 4	33. 10 - 5	34. 11 - 10	35. 18 - 7	36. 11 - 3
37. 14 - 7	38. 17 - 5	39. 16 - 7	40. 17 - 5	41. 11 - 3	42. 20 - 0
43. 10 - 7	44. 20 - 7	45. 16 - 8	46. 14 - 1	47. 13 - 4	48. 19 - 2
49. 13 - 3	50. 13 - 3	51. 17 - 10	52. 12 - 8	53. 12 - 2	54. 17 - 6
55. 20 - 3	56. 17 - 6	57. 14 - 1	58. 18 - 1	59. 13 - 0	60. 18 - 10

DAY - 38

NAME. _____ SCORE: ___ / 60 TIME. ___

1) 13 - 8	2) 15 - 2	3) 14 - 2	4) 12 - 5	5) 13 - 8	6) 19 - 6
7) 13 - 2	8) 11 - 9	9) 15 - 8	10) 18 - 3	11) 16 - 2	12) 20 - 7
13) 14 - 8	14) 16 - 0	15) 18 - 3	16) 20 - 10	17) 20 - 5	18) 17 - 8
19) 19 - 3	20) 19 - 3	21) 17 - 3	22) 18 - 2	24) 18 - 10	24) 14 - 9
25) 19 - 6	26) 19 - 0	27) 15 - 5	28) 16 - 0	29) 17 - 9	30) 18 - 4
31) 13 - 4	32) 15 - 3	33) 14 - 0	34) 11 - 6	35) 19 - 9	36) 18 - 2
37) 20 - 6	38) 13 - 10	39) 17 - 7	40) 15 - 3	41) 11 - 7	42) 15 - 6
43) 15 - 1	44) 12 - 0	45) 18 - 3	46) 13 - 2	47) 17 - 9	48) 11 - 4
49) 11 - 7	50) 12 - 1	51) 10 - 1	52) 14 - 5	53) 19 - 5	54) 18 - 10
55) 15 - 4	56) 15 - 0	57) 18 - 1	58) 12 - 6	59) 18 - 10	60) 11 - 6

DAY - 39

NAME. SCORE: /60 TIME.

1) 15 - 7
2) 14 - 4
3) 18 - 9
4) 15 - 1
5) 14 - 5
6) 11 - 2

7) 17 - 8
8) 14 - 9
9) 13 - 3
10) 16 - 6
11) 14 - 9
12) 18 - 9

13) 17 - 7
14) 16 - 7
15) 11 - 4
16) 13 - 8
17) 11 - 3
18) 14 - 3

19) 12 - 5
20) 18 - 5
21) 19 - 5
22) 13 - 7
23) 13 - 6
24) 18 - 10

25) 15 - 10
26) 10 - 9
27) 10 - 9
28) 16 - 8
29) 15 - 9
30) 16 - 10

31) 14 - 7
32) 20 - 9
33) 10 - 4
34) 11 - 7
35) 15 - 8
36) 18 - 8

37) 18 - 3
38) 19 - 4
39) 15 - 1
40) 19 - 5
41) 18 - 8
42) 13 - 9

43) 16 - 2
44) 10 - 5
45) 11 - 2
46) 20 - 8
47) 16 - 7
48) 13 - 3

49) 19 - 4
50) 17 - 4
51) 15 - 3
52) 15 - 7
53) 11 - 4
54) 15 - 3

55) 19 - 3
56) 19 - 5
57) 13 - 2
58) 11 - 2
59) 15 - 10
60) 12 - 1

DAY - 40

NAME.
SCORE: / 60
TIME.

1) 9 - 3	2) 8 - 3	3) 7 - 1	4) 7 - 2	5) 8 - 3	6) 6 - 0
7) 9 - 2	8) 7 - 3	9) 8 - 5	10) 8 - 2	11) 6 - 2	12) 8 - 2
13) 9 - 4	14) 9 - 2	15) 7 - 5	16) 9 - 3	17) 6 - 1	18) 9 - 3
19) 5 - 4	20) 6 - 2	21) 8 - 3	22) 6 - 3	24) 10 - 2	24) 6 - 3
25) 9 - 3	26) 10 - 1	27) 9 - 0	28) 9 - 4	29) 9 - 5	30) 8 - 0
31) 9 - 2	32) 5 - 0	33) 6 - 5	34) 7 - 4	35) 9 - 5	36) 6 - 3
37) 8 - 1	38) 8 - 4	39) 10 - 5	40) 8 - 4	41) 9 - 3	42) 9 - 4
43) 7 - 1	44) 9 - 3	45) 10 - 3	46) 7 - 2	47) 9 - 1	48) 8 - 1
49) 8 - 1	50) 8 - 2	51) 8 - 4	52) 8 - 4	53) 7 - 0	54) 9 - 1
55) 7 - 1	56) 7 - 2	57) 9 - 2	58) 8 - 2	59) 8 - 0	60) 7 - 1

DAY - 41

NAME.
SCORE: /60
TIME.

1) 18 − 1 =
2) 13 − 4 =
3) 18 − 8 =
4) 12 − 8 =
5) 15 − 3 =
6) 10 − 6 =

7) 19 − 3 =
8) 14 − 2 =
9) 18 − 8 =
10) 20 − 8 =
11) 10 − 8 =
12) 14 − 5 =

13) 16 − 1 =
14) 17 − 3 =
15) 13 − 3 =
16) 19 − 1 =
17) 19 − 7 =
18) 14 − 4 =

19) 17 − 7 =
20) 17 − 8 =
21) 11 − 8 =
22) 18 − 2 =
24) 13 − 1 =
24) 18 − 4 =

25) 16 − 2 =
26) 18 − 9 =
27) 12 − 6 =
28) 10 − 8 =
29) 19 − 4 =
30) 15 − 1 =

31) 14 − 9 =
32) 13 − 6 =
33) 13 − 2 =
34) 11 − 8 =
35) 16 − 9 =
36) 14 − 9 =

37) 13 − 0 =
38) 19 − 5 =
39) 13 − 6 =
40) 14 − 8 =
41) 13 − 1 =
42) 14 − 10 =

43) 12 − 5 =
44) 17 − 9 =
45) 17 − 4 =
46) 12 − 4 =
47) 17 − 6 =
48) 20 − 4 =

49) 13 − 5 =
50) 20 − 6 =
51) 18 − 7 =
52) 19 − 8 =
53) 16 − 0 =
54) 19 − 3 =

55) 13 − 9 =
56) 12 − 6 =
57) 11 − 2 =
58) 12 − 2 =
59) 16 − 6 =
60) 19 − 9 =

DAY - 42

NAME. _____ SCORE: /60 TIME.

1) 17 - 9	2) 18 - 0	3) 13 - 1	4) 19 - 7	5) 12 - 9	6) 19 - 8
7) 15 - 10	8) 11 - 5	9) 11 - 3	10) 12 - 2	11) 14 - 6	12) 12 - 5
13) 11 - 7	14) 13 - 7	15) 16 - 2	16) 12 - 5	17) 11 - 3	18) 11 - 2
19) 12 - 6	20) 17 - 8	21) 17 - 6	22) 17 - 3	24) 18 - 3	24) 14 - 0
25) 20 - 4	26) 14 - 5	27) 18 - 6	28) 18 - 0	29) 17 - 6	30) 17 - 8
31) 12 - 5	32) 20 - 8	33) 12 - 2	34) 14 - 7	35) 16 - 2	36) 19 - 1
37) 10 - 0	38) 18 - 2	39) 18 - 4	40) 19 - 3	41) 15 - 3	42) 15 - 4
43) 11 - 1	44) 13 - 4	45) 14 - 7	46) 14 - 4	47) 15 - 7	48) 17 - 1
49) 16 - 3	50) 18 - 6	51) 17 - 2	52) 14 - 5	53) 16 - 1	54) 19 - 4
55) 11 - 5	56) 12 - 4	57) 13 - 5	58) 14 - 6	59) 14 - 3	60) 11 - 6

DAY - 43

NAME. 　　SCORE: /60 　　TIME.

1. 16 − 4	2. 11 − 1	3. 15 − 5	4. 13 − 2	5. 12 − 3	6. 16 − 7
7. 17 − 2	8. 15 − 1	9. 11 − 1	10. 15 − 1	11. 18 − 5	12. 13 − 5
13. 14 − 3	14. 15 − 6	15. 16 − 4	16. 13 − 8	17. 14 − 5	18. 19 − 4
19. 19 − 6	20. 20 − 8	21. 18 − 7	22. 12 − 8	24. 18 − 9	24. 15 − 3
25. 14 − 6	26. 17 − 4	27. 13 − 8	28. 16 − 7	29. 15 − 1	30. 19 − 2
31. 16 − 5	32. 11 − 3	33. 13 − 3	34. 20 − 9	35. 18 − 6	36. 13 − 6
37. 19 − 2	38. 16 − 2	39. 12 − 6	40. 11 − 9	41. 15 − 9	42. 15 − 9
43. 16 − 0	44. 12 − 5	45. 14 − 9	46. 14 − 10	47. 11 − 5	48. 18 − 9
49. 16 − 4	50. 17 − 4	51. 12 − 8	52. 13 − 8	53. 16 − 1	54. 11 − 4
55. 16 − 2	56. 14 − 9	57. 14 − 8	58. 13 − 8	59. 20 − 2	60. 16 − 7

DAY - 44

NAME. SCORE: / 60 TIME.

1) 15 - 8
2) 16 - 9
3) 16 - 6
4) 13 - 5
5) 19 - 3
6) 19 - 9

7) 19 - 6
8) 16 - 9
9) 13 - 2
10) 18 - 9
11) 15 - 10
12) 16 - 7

13) 13 - 6
14) 12 - 9
15) 20 - 4
16) 11 - 5
17) 17 - 3
18) 12 - 3

19) 19 - 1
20) 11 - 5
21) 19 - 1
22) 15 - 6
24) 17 - 4
24) 15 - 5

25) 14 - 1
26) 20 - 1
27) 16 - 9
28) 10 - 0
29) 19 - 10
30) 14 - 4

31) 14 - 8
32) 18 - 10
33) 20 - 4
34) 14 - 9
35) 20 - 6
36) 17 - 8

37) 20 - 3
38) 19 - 9
39) 17 - 3
40) 20 - 7
41) 15 - 6
42) 19 - 8

43) 17 - 9
44) 19 - 9
45) 10 - 4
46) 17 - 4
47) 17 - 2
48) 17 - 1

49) 10 - 8
50) 10 - 6
51) 18 - 1
52) 15 - 10
53) 14 - 9
54) 10 - 4

55) 18 - 2
56) 19 - 2
57) 19 - 9
58) 12 - 8
59) 14 - 0
60) 10 - 7

DAY - 45

1. 10 − 3	2. 15 − 8	3. 20 − 6	4. 14 − 7	5. 16 − 8	6. 10 − 4
7. 10 − 2	8. 11 − 8	9. 14 − 5	10. 12 − 2	11. 16 − 4	12. 17 − 3
13. 19 − 5	14. 13 − 3	15. 17 − 2	16. 13 − 1	17. 14 − 5	18. 19 − 9
19. 16 − 9	20. 16 − 3	21. 15 − 2	22. 17 − 9	24. 17 − 8	24. 17 − 6
25. 11 − 1	26. 14 − 6	27. 11 − 9	28. 12 − 3	29. 19 − 5	30. 10 − 2
31. 20 − 4	32. 10 − 4	33. 14 − 3	34. 15 − 0	35. 17 − 9	36. 13 − 2
37. 11 − 8	38. 17 − 7	39. 10 − 6	40. 19 − 2	41. 18 − 5	42. 11 − 6
43. 14 − 8	44. 11 − 7	45. 19 − 1	46. 14 − 8	47. 16 − 9	48. 18 − 4
49. 15 − 7	50. 15 − 7	51. 18 − 1	52. 11 − 5	53. 19 − 2	54. 18 − 2
55. 12 − 8	56. 19 − 5	57. 17 − 7	58. 14 − 2	59. 17 − 7	60. 17 − 3

DAY - 46

NAME. SCORE: / 60 TIME.

1. 17 − 1	2. 19 − 9	3. 15 − 5	4. 17 − 8	5. 17 − 4	6. 15 − 9
7. 18 − 9	8. 11 − 9	9. 18 − 9	10. 19 − 0	11. 15 − 2	12. 12 − 7
13. 17 − 4	14. 17 − 6	15. 11 − 9	16. 18 − 2	17. 14 − 1	18. 11 − 5
19. 17 − 4	20. 19 − 3	21. 17 − 3	22. 15 − 5	24. 11 − 5	24. 17 − 3
25. 17 − 4	26. 17 − 9	27. 18 − 1	28. 14 − 7	29. 11 − 2	30. 19 − 2
31. 16 − 7	32. 18 − 1	33. 17 − 8	34. 19 − 6	35. 11 − 7	36. 15 − 3
37. 18 − 7	38. 17 − 5	39. 12 − 9	40. 14 − 9	41. 12 − 3	42. 13 − 7
43. 14 − 10	44. 13 − 2	45. 18 − 2	46. 14 − 6	47. 14 − 5	48. 15 − 1
49. 15 − 5	50. 11 − 2	51. 14 − 0	52. 10 − 6	53. 17 − 4	54. 19 − 3
55. 12 − 8	56. 18 − 6	57. 15 − 3	58. 13 − 3	59. 10 − 7	60. 11 − 6

DAY - 47

NAME. ___ SCORE: /60 TIME. ___

1. 20 − 2	2. 19 − 9	3. 20 − 5	4. 13 − 4	5. 17 − 6	6. 16 − 1
7. 17 − 3	8. 15 − 0	9. 14 − 7	10. 15 − 3	11. 14 − 5	12. 10 − 5
13. 15 − 0	14. 15 − 5	15. 19 − 1	16. 16 − 5	17. 12 − 8	18. 17 − 7
19. 17 − 9	20. 17 − 4	21. 13 − 6	22. 17 − 3	24. 12 − 5	24. 16 − 0
25. 19 − 9	26. 15 − 7	27. 13 − 0	28. 19 − 4	29. 16 − 0	30. 14 − 4
31. 18 − 4	32. 17 − 2	33. 12 − 8	34. 11 − 4	35. 15 − 3	36. 13 − 3
37. 17 − 5	38. 13 − 9	39. 17 − 6	40. 19 − 2	41. 12 − 9	42. 18 − 8
43. 16 − 6	44. 13 − 8	45. 11 − 7	46. 16 − 4	47. 20 − 9	48. 10 − 3
49. 15 − 0	50. 13 − 2	51. 16 − 4	52. 18 − 9	53. 11 − 7	54. 18 − 3
55. 20 − 8	56. 19 − 7	57. 17 − 10	58. 18 − 1	59. 13 − 7	60. 14 − 6

DAY - 48   NAME.   SCORE: /60   TIME.

1) 7 − 3	2) 9 − 0	3) 7 − 2	4) 6 − 1	5) 7 − 1	6) 9 − 4
7) 9 − 1	8) 9 − 3	9) 10 − 2	10) 7 − 4	11) 9 − 4	12) 6 − 5
13) 10 − 3	14) 8 − 4	15) 7 − 5	16) 9 − 0	17) 9 − 3	18) 6 − 3
19) 7 − 3	20) 8 − 4	21) 5 − 2	22) 8 − 3	23) 7 − 2	24) 9 − 3
25) 10 − 2	26) 6 − 1	27) 6 − 1	28) 6 − 2	29) 8 − 2	30) 9 − 2
31) 9 − 2	32) 6 − 4	33) 7 − 2	34) 6 − 2	35) 10 − 3	36) 7 − 3
37) 6 − 3	38) 10 − 1	39) 8 − 4	40) 6 − 1	41) 8 − 4	42) 5 − 1
43) 6 − 0	44) 6 − 2	45) 6 − 1	46) 9 − 3	47) 8 − 0	48) 7 − 4
49) 9 − 4	50) 6 − 3	51) 8 − 0	52) 10 − 3	53) 8 − 0	54) 9 − 3
55) 8 − 2	56) 7 − 2	57) 7 − 1	58) 6 − 0	59) 7 − 5	60) 9 − 3

DAY - 49

NAME. SCORE: /60 TIME.

1) 16 - 1	2) 18 - 6	3) 17 - 7	4) 10 - 7	5) 15 - 10	6) 18 - 7
7) 13 - 7	8) 13 - 1	9) 13 - 2	10) 19 - 2	11) 11 - 7	12) 17 - 1
13) 11 - 1	14) 10 - 3	15) 13 - 10	16) 16 - 6	17) 17 - 7	18) 11 - 7
19) 15 - 3	20) 12 - 1	21) 12 - 2	22) 18 - 2	24) 13 - 2	24) 16 - 6
25) 14 - 3	26) 18 - 8	27) 13 - 1	28) 16 - 9	29) 12 - 7	30) 12 - 3
31) 11 - 3	32) 19 - 2	33) 20 - 7	34) 15 - 5	35) 16 - 10	36) 11 - 8
37) 14 - 9	38) 17 - 6	39) 13 - 0	40) 15 - 3	41) 16 - 1	42) 13 - 9
43) 13 - 10	44) 18 - 2	45) 14 - 7	46) 18 - 1	47) 17 - 10	48) 10 - 5
49) 11 - 8	50) 12 - 1	51) 18 - 3	52) 12 - 4	53) 16 - 5	54) 18 - 7
55) 19 - 7	56) 15 - 2	57) 14 - 8	58) 11 - 6	59) 15 - 1	60) 11 - 9

DAY - 50

NAME.
SCORE: / 60
TIME.

#		#		#		#		#		#	
1	18 - 9	2	14 - 3	3	14 - 0	4	11 - 5	5	12 - 0	6	19 - 5
7	18 - 6	8	11 - 7	9	18 - 8	10	10 - 1	11	11 - 2	12	14 - 7
13	19 - 8	14	15 - 9	15	11 - 3	16	10 - 8	17	19 - 6	18	16 - 3
19	12 - 0	20	10 - 10	21	12 - 3	22	10 - 1	24	12 - 5	24	13 - 5
25	16 - 4	26	19 - 7	27	12 - 6	28	17 - 8	29	15 - 10	30	14 - 6
31	19 - 9	32	14 - 6	33	11 - 4	34	15 - 2	35	17 - 3	36	11 - 6
37	16 - 8	38	18 - 2	39	12 - 3	40	15 - 8	41	16 - 5	42	17 - 8
43	18 - 6	44	15 - 2	45	17 - 9	46	19 - 7	47	18 - 2	48	16 - 4
49	20 - 4	50	15 - 7	51	20 - 10	52	15 - 6	53	13 - 5	54	12 - 4
55	16 - 8	56	15 - 8	57	11 - 6	58	14 - 2	59	14 - 2	60	14 - 8

DAY - 51

NAME. SCORE: /60 TIME.

1. 3 + 3	2. 3 + 2	3. 1 + 5	4. 2 + 4	5. 4 + 1	6. 5 + 1
7. 4 + 4	8. 5 + 4	9. 4 + 0	10. 3 + 2	11. 3 + 5	12. 1 + 4
13. 2 + 0	14. 1 + 2	15. 4 + 2	16. 5 + 0	17. 1 + 4	18. 3 + 4
19. 4 + 3	20. 4 + 1	21. 0 + 1	22. 0 + 0	23. 3 + 4	24. 0 + 4
25. 5 + 4	26. 2 + 2	27. 1 + 4	28. 1 + 4	29. 5 + 4	30. 3 + 3
31. 2 + 1	32. 2 + 2	33. 3 + 0	34. 5 + 3	35. 4 + 2	36. 5 + 4
37. 0 + 4	38. 2 + 2	39. 5 + 5	40. 4 + 5	41. 3 + 3	42. 1 + 2
43. 5 + 1	44. 4 + 4	45. 3 + 3	46. 1 + 1	47. 5 + 2	48. 3 + 3
49. 1 + 2	50. 3 + 5	51. 2 + 0	52. 0 + 3	53. 4 + 2	54. 2 + 1
55. 5 + 4	56. 1 + 2	57. 5 + 2	58. 4 + 1	59. 4 + 2	60. 1 + 2

DAY - 52

NAME. SCORE: /60 TIME.

1) 7 - 0	2) 8 - 5	3) 5 - 3	4) 7 - 2	5) 7 - 0	6) 8 - 3
7) 7 - 4	8) 5 - 1	9) 7 - 5	10) 6 - 4	11) 7 - 0	12) 10 - 2
13) 9 - 4	14) 7 - 3	15) 7 - 2	16) 6 - 1	17) 10 - 4	18) 9 - 4
19) 8 - 1	20) 7 - 2	21) 7 - 1	22) 5 - 2	24) 7 - 4	24) 8 - 4
25) 6 - 0	26) 10 - 1	27) 6 - 4	28) 9 - 1	29) 9 - 1	30) 8 - 4
31) 7 - 3	32) 10 - 4	33) 7 - 4	34) 8 - 1	35) 6 - 3	36) 9 - 3
37) 10 - 1	38) 9 - 2	39) 10 - 4	40) 8 - 5	41) 8 - 2	42) 8 - 1
43) 6 - 1	44) 7 - 1	45) 7 - 0	46) 9 - 5	47) 6 - 3	48) 7 - 4
49) 7 - 0	50) 6 - 3	51) 6 - 0	52) 10 - 0	53) 6 - 4	54) 8 - 2
55) 6 - 4	56) 10 - 4	57) 7 - 2	58) 6 - 0	59) 6 - 2	60) 6 - 4

DAY - 53

NAME. SCORE: /60 TIME.

1. 2 + 3	2. 2 + 1	3. 4 + 5	4. 5 + 5	5. 3 + 1	6. 2 + 2
7. 1 + 1	8. 4 + 3	9. 2 + 1	10. 3 + 1	11. 1 + 5	12. 1 + 4
13. 2 + 4	14. 1 + 1	15. 3 + 0	16. 1 + 5	17. 4 + 1	18. 4 + 5
19. 0 + 5	20. 4 + 3	21. 3 + 0	22. 4 + 4	23. 3 + 5	24. 1 + 0
25. 3 + 0	26. 3 + 1	27. 5 + 4	28. 1 + 1	29. 1 + 1	30. 4 + 5
31. 5 + 0	32. 4 + 1	33. 3 + 1	34. 0 + 2	35. 1 + 0	36. 2 + 4
37. 3 + 2	38. 4 + 4	39. 3 + 4	40. 2 + 2	41. 1 + 2	42. 2 + 0
43. 1 + 1	44. 1 + 2	45. 3 + 4	46. 3 + 3	47. 4 + 5	48. 3 + 4
49. 3 + 4	50. 3 + 2	51. 1 + 3	52. 4 + 0	53. 2 + 4	54. 5 + 2
55. 4 + 4	56. 3 + 4	57. 1 + 1	58. 5 + 2	59. 4 + 1	60. 3 + 5

DAY - 54

NAME. _____ SCORE: /60 TIME.

1) 8 - 1	2) 10 - 5	3) 7 - 3	4) 6 - 3	5) 7 - 4	6) 5 - 4
7) 7 - 1	8) 10 - 3	9) 7 - 4	10) 10 - 4	11) 8 - 0	12) 9 - 2
13) 7 - 3	14) 6 - 3	15) 6 - 0	16) 8 - 1	17) 6 - 4	18) 7 - 2
19) 9 - 0	20) 8 - 3	21) 7 - 4	22) 9 - 2	23) 9 - 2	24) 9 - 4
25) 10 - 2	26) 9 - 2	27) 6 - 4	28) 6 - 3	29) 6 - 3	30) 6 - 3
31) 6 - 4	32) 10 - 4	33) 8 - 4	34) 9 - 1	35) 6 - 4	36) 10 - 2
37) 9 - 2	38) 10 - 2	39) 5 - 4	40) 6 - 4	41) 10 - 2	42) 10 - 1
43) 10 - 1	44) 10 - 2	45) 5 - 5	46) 8 - 2	47) 6 - 4	48) 8 - 5
49) 6 - 2	50) 6 - 4	51) 6 - 2	52) 10 - 4	53) 9 - 4	54) 9 - 3
55) 5 - 1	56) 6 - 1	57) 6 - 3	58) 7 - 4	59) 7 - 1	60) 8 - 1

DAY - 55

NAME.   SCORE: /60   TIME.

1) 5 + 1	2) 1 + 2	3) 3 + 4	4) 4 + 1	5) 1 + 0	6) 5 + 2
7) 2 + 1	8) 1 + 3	9) 3 + 4	10) 1 + 5	11) 4 + 0	12) 5 + 2
13) 2 + 2	14) 0 + 3	15) 1 + 4	16) 1 + 1	17) 1 + 0	18) 4 + 1
19) 0 + 3	20) 4 + 1	21) 4 + 1	22) 4 + 0	23) 4 + 5	24) 2 + 1
25) 3 + 4	26) 1 + 1	27) 3 + 4	28) 3 + 5	29) 0 + 5	30) 3 + 3
31) 2 + 2	32) 1 + 0	33) 3 + 1	34) 5 + 5	35) 1 + 2	36) 3 + 4
37) 1 + 3	38) 4 + 4	39) 0 + 1	40) 2 + 1	41) 2 + 1	42) 3 + 5
43) 2 + 4	44) 1 + 4	45) 4 + 2	46) 0 + 4	47) 3 + 5	48) 4 + 1
49) 1 + 4	50) 3 + 4	51) 2 + 3	52) 3 + 0	53) 0 + 0	54) 3 + 4
55) 3 + 3	56) 3 + 0	57) 4 + 1	58) 3 + 5	59) 0 + 2	60) 0 + 1

DAY - 56

NAME. _____ SCORE: /60 TIME.

1) 9 - 1	2) 7 - 3	3) 7 - 2	4) 5 - 1	5) 7 - 2	6) 7 - 2
7) 9 - 5	8) 9 - 2	9) 10 - 2	10) 6 - 3	11) 5 - 2	12) 5 - 0
13) 7 - 4	14) 9 - 4	15) 9 - 3	16) 8 - 2	17) 5 - 2	18) 5 - 4
19) 6 - 5	20) 6 - 1	21) 8 - 2	22) 5 - 4	24) 7 - 3	24) 10 - 3
25) 7 - 3	26) 8 - 2	27) 9 - 1	28) 7 - 0	29) 8 - 0	30) 5 - 3
31) 10 - 5	32) 6 - 3	33) 6 - 4	34) 8 - 0	35) 5 - 5	36) 9 - 1
37) 7 - 1	38) 8 - 1	39) 8 - 1	40) 8 - 3	41) 7 - 1	42) 10 - 2
43) 7 - 1	44) 5 - 1	45) 8 - 0	46) 7 - 4	47) 7 - 0	48) 5 - 1
49) 8 - 0	50) 7 - 3	51) 8 - 4	52) 7 - 3	53) 5 - 3	54) 6 - 2
55) 8 - 1	56) 7 - 4	57) 7 - 1	58) 8 - 2	59) 10 - 3	60) 7 - 3

DAY - 57

NAME.
SCORE: /60
TIME.

1) 1 + 4	2) 4 + 3	3) 5 + 1	4) 1 + 2	5) 4 + 3	6) 1 + 1
7) 4 + 1	8) 3 + 0	9) 2 + 5	10) 4 + 1	11) 3 + 5	12) 2 + 3
13) 4 + 2	14) 1 + 1	15) 4 + 2	16) 3 + 2	17) 4 + 4	18) 4 + 5
19) 3 + 2	20) 2 + 1	21) 2 + 0	22) 2 + 2	23) 1 + 0	24) 2 + 3
25) 0 + 5	26) 3 + 0	27) 4 + 3	28) 4 + 1	29) 3 + 2	30) 4 + 2
31) 4 + 5	32) 5 + 4	33) 2 + 1	34) 2 + 5	35) 1 + 4	36) 4 + 4
37) 1 + 4	38) 4 + 5	39) 3 + 1	40) 2 + 5	41) 4 + 3	42) 2 + 5
43) 3 + 1	44) 0 + 3	45) 4 + 1	46) 2 + 3	47) 1 + 4	48) 4 + 1
49) 0 + 2	50) 4 + 2	51) 1 + 4	52) 1 + 1	53) 5 + 5	54) 2 + 4
55) 4 + 4	56) 1 + 5	57) 5 + 2	58) 1 + 2	59) 4 + 1	60) 1 + 3

DAY - 58

NAME. _____ SCORE: / 60 TIME.

1) 7 - 4	2) 9 - 5	3) 10 - 5	4) 9 - 3	5) 9 - 5	6) 8 - 3
7) 8 - 2	8) 5 - 4	9) 6 - 2	10) 5 - 0	11) 8 - 1	12) 6 - 3
13) 6 - 1	14) 7 - 1	15) 7 - 4	16) 9 - 4	17) 5 - 1	18) 6 - 2
19) 6 - 2	20) 8 - 3	21) 8 - 2	22) 6 - 1	24) 9 - 4	24) 8 - 5
25) 9 - 0	26) 9 - 4	27) 7 - 2	28) 8 - 2	29) 5 - 1	30) 7 - 0
31) 8 - 1	32) 10 - 1	33) 10 - 1	34) 7 - 1	35) 7 - 2	36) 9 - 4
37) 9 - 3	38) 5 - 3	39) 5 - 0	40) 9 - 5	41) 7 - 5	42) 7 - 2
43) 7 - 1	44) 7 - 1	45) 5 - 2	46) 9 - 0	47) 8 - 4	48) 6 - 4
49) 8 - 5	50) 7 - 5	51) 9 - 2	52) 9 - 5	53) 8 - 2	54) 5 - 4
55) 9 - 2	56) 5 - 0	57) 6 - 2	58) 10 - 1	59) 8 - 1	60) 8 - 0

DAY - 59

NAME.
SCORE: / 60
TIME.

1) 1 + 2	2) 3 + 1	3) 3 + 3	4) 3 + 1	5) 5 + 1	6) 0 + 2
7) 2 + 0	8) 5 + 1	9) 5 + 2	10) 4 + 3	11) 5 + 4	12) 4 + 2
13) 3 + 3	14) 2 + 2	15) 1 + 2	16) 4 + 4	17) 4 + 4	18) 3 + 3
19) 1 + 2	20) 3 + 4	21) 4 + 4	22) 2 + 5	23) 4 + 3	24) 1 + 1
25) 4 + 4	26) 5 + 5	27) 4 + 0	28) 3 + 1	29) 2 + 4	30) 2 + 0
31) 4 + 2	32) 1 + 0	33) 4 + 4	34) 2 + 4	35) 3 + 5	36) 2 + 4
37) 3 + 1	38) 1 + 2	39) 1 + 4	40) 2 + 1	41) 2 + 1	42) 5 + 1
43) 4 + 0	44) 0 + 0	45) 4 + 5	46) 1 + 2	47) 4 + 2	48) 0 + 4
49) 3 + 1	50) 5 + 4	51) 2 + 1	52) 0 + 1	53) 2 + 4	54) 2 + 0
55) 2 + 1	56) 5 + 3	57) 3 + 3	58) 4 + 3	59) 2 + 2	60) 4 + 3

DAY - 60

NAME. 　　SCORE: /60 　　TIME.

#		#		#		#		#		#	
1	8 − 2	2	10 − 2	3	8 − 4	4	9 − 1	5	8 − 2	6	7 − 1
7	8 − 1	8	6 − 2	9	7 − 3	10	7 − 1	11	6 − 2	12	6 − 3
13	6 − 1	14	9 − 4	15	6 − 2	16	9 − 3	17	9 − 4	18	5 − 2
19	7 − 2	20	8 − 5	21	6 − 5	22	10 − 2	24	6 − 0	24	9 − 4
25	8 − 1	26	10 − 2	27	7 − 4	28	9 − 1	29	8 − 0	30	9 − 3
31	9 − 2	32	8 − 2	33	7 − 3	34	8 − 4	35	6 − 2	36	10 − 4
37	7 − 4	38	9 − 5	39	8 − 2	40	5 − 1	41	9 − 2	42	10 − 4
43	5 − 3	44	7 − 1	45	9 − 5	46	9 − 3	47	6 − 2	48	10 − 4
49	10 − 1	50	7 − 3	51	10 − 3	52	8 − 4	53	7 − 5	54	6 − 3
55	9 − 4	56	5 − 4	57	6 − 1	58	5 − 4	59	9 − 5	60	7 − 3

DAY - 61

NAME. _____ SCORE: ___/60 TIME. ___

1. 6 + 5	2. 4 + 9	3. 5 + 10	4. 3 + 1	5. 9 + 7	6. 2 + 3
7. 9 + 7	8. 7 + 5	9. 8 + 7	10. 3 + 5	11. 8 + 10	12. 10 + 3
13. 4 + 8	14. 5 + 5	15. 2 + 1	16. 0 + 9	17. 9 + 7	18. 5 + 7
19. 3 + 9	20. 5 + 3	21. 7 + 6	22. 4 + 2	23. 10 + 10	24. 0 + 7
25. 6 + 3	26. 0 + 6	27. 1 + 3	28. 6 + 9	29. 7 + 4	30. 10 + 3
31. 8 + 9	32. 5 + 1	33. 0 + 8	34. 9 + 7	35. 7 + 6	36. 10 + 4
37. 6 + 6	38. 3 + 3	39. 6 + 9	40. 6 + 8	41. 8 + 7	42. 2 + 8
43. 1 + 3	44. 10 + 6	45. 7 + 5	46. 5 + 3	47. 5 + 1	48. 2 + 4
49. 3 + 8	50. 8 + 4	51. 3 + 8	52. 0 + 8	53. 0 + 4	54. 2 + 8
55. 9 + 2	56. 8 + 6	57. 5 + 6	58. 2 + 0	59. 5 + 0	60. 2 + 8

DAY - 62

NAME.
SCORE: / 60
TIME.

1) 15 − 8	2) 17 − 2	3) 11 − 7	4) 15 − 5	5) 17 − 4	6) 10 − 8
7) 18 − 4	8) 12 − 8	9) 19 − 4	10) 15 − 7	11) 18 − 3	12) 13 − 8
13) 11 − 5	14) 14 − 3	15) 12 − 4	16) 19 − 1	17) 17 − 4	18) 10 − 9
19) 12 − 2	20) 12 − 3	21) 16 − 9	22) 19 − 4	24) 16 − 5	24) 12 − 6
25) 19 − 1	26) 10 − 2	27) 12 − 2	28) 12 − 5	29) 19 − 0	30) 10 − 5
31) 19 − 6	32) 16 − 7	33) 11 − 2	34) 18 − 5	35) 19 − 9	36) 12 − 5
37) 13 − 1	38) 12 − 0	39) 11 − 7	40) 19 − 3	41) 16 − 4	42) 20 − 4
43) 13 − 7	44) 12 − 7	45) 17 − 7	46) 17 − 0	47) 15 − 2	48) 13 − 3
49) 15 − 9	50) 18 − 7	51) 13 − 6	52) 17 − 5	53) 18 − 2	54) 17 − 8
55) 16 − 1	56) 18 − 8	57) 10 − 8	58) 13 − 6	59) 12 − 9	60) 11 − 9

DAY - 63

NAME. SCORE: /60 TIME.

1. 1 + 5	2. 7 + 8	3. 1 + 4	4. 1 + 0	5. 7 + 7	6. 2 + 8
7. 5 + 9	8. 2 + 8	9. 2 + 5	10. 3 + 10	11. 0 + 7	12. 1 + 3
13. 7 + 3	14. 2 + 3	15. 0 + 2	16. 2 + 8	17. 1 + 4	18. 4 + 1
19. 8 + 9	20. 9 + 8	21. 0 + 4	22. 4 + 8	23. 9 + 7	24. 4 + 1
25. 5 + 0	26. 8 + 5	27. 6 + 2	28. 9 + 2	29. 3 + 8	30. 9 + 1
31. 3 + 4	32. 9 + 6	33. 4 + 3	34. 2 + 6	35. 0 + 2	36. 9 + 2
37. 2 + 7	38. 5 + 1	39. 7 + 8	40. 4 + 2	41. 1 + 8	42. 7 + 4
43. 6 + 7	44. 8 + 0	45. 5 + 9	46. 6 + 7	47. 3 + 6	48. 4 + 2
49. 7 + 3	50. 10 + 7	51. 6 + 3	52. 7 + 1	53. 2 + 4	54. 5 + 6
55. 2 + 8	56. 1 + 1	57. 1 + 0	58. 9 + 2	59. 8 + 8	60. 7 + 2

DAY - 64

NAME.
SCORE: / 60
TIME.

1) 11 - 3	2) 11 - 4	3) 18 - 1	4) 19 - 4	5) 17 - 9	6) 15 - 2
7) 16 - 3	8) 17 - 1	9) 12 - 3	10) 17 - 10	11) 17 - 6	12) 16 - 2
13) 14 - 2	14) 13 - 2	15) 12 - 10	16) 20 - 7	17) 13 - 9	18) 17 - 4
19) 14 - 5	20) 16 - 9	21) 12 - 7	22) 20 - 2	24) 18 - 4	24) 15 - 2
25) 18 - 7	26) 12 - 2	27) 10 - 10	28) 15 - 5	29) 19 - 8	30) 12 - 7
31) 14 - 8	32) 19 - 10	33) 14 - 2	34) 12 - 6	35) 17 - 8	36) 10 - 7
37) 14 - 5	38) 11 - 9	39) 13 - 5	40) 20 - 5	41) 19 - 2	42) 12 - 6
43) 15 - 4	44) 17 - 4	45) 17 - 8	46) 11 - 6	47) 12 - 9	48) 19 - 5
49) 18 - 6	50) 16 - 3	51) 12 - 3	52) 12 - 6	53) 13 - 3	54) 15 - 9
55) 20 - 10	56) 20 - 4	57) 13 - 3	58) 10 - 5	59) 19 - 6	60) 19 - 8

DAY - 65

NAME. SCORE: /60 TIME.

1) 9 + 3	2) 5 + 5	3) 7 + 9	4) 2 + 4	5) 5 + 2	6) 5 + 5
7) 1 + 3	8) 4 + 3	9) 4 + 4	10) 4 + 4	11) 3 + 5	12) 2 + 10
13) 6 + 8	14) 4 + 1	15) 4 + 1	16) 2 + 8	17) 7 + 10	18) 6 + 9
19) 8 + 7	20) 4 + 0	21) 5 + 5	22) 9 + 6	23) 3 + 4	24) 2 + 9
25) 7 + 3	26) 2 + 1	27) 8 + 2	28) 9 + 2	29) 2 + 1	30) 5 + 6
31) 6 + 7	32) 8 + 2	33) 4 + 6	34) 3 + 9	35) 8 + 1	36) 10 + 9
37) 9 + 3	38) 5 + 10	39) 4 + 7	40) 4 + 3	41) 4 + 1	42) 2 + 2
43) 2 + 9	44) 3 + 5	45) 8 + 6	46) 7 + 10	47) 5 + 9	48) 9 + 6
49) 2 + 7	50) 6 + 5	51) 8 + 1	52) 0 + 2	53) 3 + 10	54) 3 + 1
55) 3 + 9	56) 1 + 10	57) 6 + 1	58) 6 + 7	59) 2 + 0	60) 5 + 1

Day - 66

1) 9 × 3	2) 9 × 7	3) 2 × 9	4) 3 × 9	5) 9 × 7	6) 0 × 9
7) 8 × 9	8) 9 × 8	9) 0 × 9	10) 9 × 8	11) 9 × 9	12) 2 × 9
13) 9 × 4	14) 9 × 2	15) 8 × 9	16) 9 × 9	17) 6 × 9	18) 9 × 8
19) 9 × 7	20) 9 × 5	21) 9 × 9	22) 9 × 7	23) 9 × 9	24) 5 × 9
25) 1 × 9	26) 6 × 9	27) 9 × 1	28) 2 × 9	29) 9 × 9	30) 6 × 9
31) 9 × 9	32) 8 × 9	33) 0 × 9	34) 9 × 0	35) 9 × 7	36) 8 × 9
37) 9 × 7	38) 1 × 9	39) 9 × 6	40) 4 × 9	41) 9 × 8	42) 9 × 9
43) 9 × 0	44) 6 × 9	45) 9 × 2	46) 5 × 9	47) 5 × 9	48) 9 × 0
49) 9 × 6	50) 9 × 3	51) 9 × 9	52) 9 × 9	53) 4 × 9	54) 7 × 9
55) 9 × 2	56) 2 × 9	57) 9 × 0	58) 2 × 9	59) 8 × 9	60) 9 × 2

DAY - 67

#		#		#		#		#		#	
1	9 × 3	2	9 × 8	3	4 × 9	4	8 × 9	5	9 × 2	6	0 × 9
7	9 × 9	8	9 × 4	9	2 × 9	10	9 × 0	11	9 × 4	12	8 × 9
13	9 × 1	14	9 × 0	15	0 × 9	16	9 × 0	17	5 × 9	18	9 × 2
19	9 × 6	20	9 × 8	21	7 × 9	22	9 × 5	23	9 × 3	24	7 × 9
25	1 × 9	26	9 × 9	27	9 × 7	28	5 × 9	29	9 × 1	30	6 × 9
31	9 × 9	32	8 × 9	33	7 × 9	34	9 × 7	35	9 × 6	36	7 × 9
37	9 × 6	38	2 × 9	39	9 × 4	40	4 × 9	41	9 × 8	42	2 × 9
43	9 × 4	44	4 × 9	45	9 × 3	46	6 × 9	47	4 × 9	48	9 × 6
49	9 × 3	50	9 × 2	51	1 × 9	52	9 × 3	53	2 × 9	54	5 × 9
55	9 × 1	56	9 × 9	57	9 × 7	58	8 × 9	59	0 × 9	60	9 × 2

DAY -68

1) 9 × 6	2) 9 × 2	3) 7 × 9	4) 9 × 9	5) 9 × 6	6) 0 × 9
7) 5 × 9	8) 9 × 0	9) 2 × 9	10) 9 × 2	11) 9 × 6	12) 7 × 9
13) 9 × 9	14) 9 × 1	15) 5 × 9	16) 9 × 3	17) 2 × 9	18) 9 × 5
19) 9 × 4	20) 9 × 7	21) 1 × 9	22) 9 × 3	23) 9 × 1	24) 3 × 9
25) 0 × 9	26) 2 × 9	27) 9 × 0	28) 6 × 9	29) 9 × 9	30) 6 × 9
31) 9 × 8	32) 6 × 9	33) 2 × 9	34) 9 × 3	35) 9 × 8	36) 3 × 9
37) 9 × 0	38) 7 × 9	39) 9 × 7	40) 5 × 9	41) 9 × 3	42) 2 × 9
43) 9 × 9	44) 9 × 9	45) 9 × 1	46) 1 × 9	47) 9 × 9	48) 9 × 3
49) 9 × 8	50) 9 × 3	51) 5 × 9	52) 9 × 3	53) 1 × 9	54) 4 × 9
55) 9 × 1	56) 7 × 9	57) 9 × 5	58) 7 × 9	59) 3 × 9	60) 9 × 2

DAY - 69

#		#		#		#		#		#	
1	9 × 1	2	9 × 9	3	7 × 9	4	6 × 9	5	9 × 3	6	0 × 9
7	5 × 9	8	9 × 2	9	4 × 9	10	9 × 6	11	9 × 0	12	5 × 9
13	9 × 9	14	9 × 1	15	6 × 9	16	9 × 5	17	9 × 9	18	9 × 0
19	9 × 9	20	9 × 7	21	3 × 9	22	9 × 2	23	9 × 6	24	5 × 9
25	1 × 9	26	7 × 9	27	9 × 3	28	8 × 9	29	9 × 0	30	3 × 9
31	9 × 8	32	9 × 9	33	3 × 9	34	9 × 6	35	9 × 4	36	0 × 9
37	9 × 3	38	8 × 9	39	9 × 3	40	5 × 9	41	9 × 2	42	7 × 9
43	9 × 3	44	9 × 9	45	9 × 2	46	1 × 9	47	3 × 9	48	9 × 8
49	9 × 6	50	9 × 1	51	8 × 9	52	9 × 0	53	7 × 9	54	8 × 9
55	9 × 6	56	6 × 9	57	9 × 9	58	9 × 9	59	1 × 9	60	9 × 1

DAY - 70

NAME. ____   SCORE: /60   TIME.

1) 9 × 9	2) 9 × 7	3) 5 × 9	4) 1 × 9	5) 9 × 1	6) 0 × 9
7) 8 × 9	8) 9 × 7	9) 6 × 9	10) 9 × 7	11) 9 × 2	12) 3 × 9
13) 9 × 1	14) 9 × 4	15) 7 × 9	16) 9 × 5	17) 9 × 9	18) 9 × 7
19) 9 × 3	20) 9 × 5	21) 9 × 9	22) 9 × 2	23) 9 × 8	24) 6 × 9
25) 1 × 9	26) 7 × 9	27) 9 × 2	28) 8 × 9	29) 9 × 1	30) 1 × 9
31) 9 × 6	32) 4 × 9	33) 3 × 9	34) 9 × 6	35) 9 × 3	36) 2 × 9
37) 9 × 4	38) 2 × 9	39) 9 × 7	40) 6 × 9	41) 9 × 2	42) 8 × 9
43) 9 × 9	44) 5 × 9	45) 9 × 3	46) 6 × 9	47) 8 × 9	48) 9 × 2
49) 9 × 6	50) 9 × 3	51) 3 × 9	52) 9 × 7	53) 6 × 9	54) 1 × 9
55) 9 × 5	56) 4 × 9	57) 9 × 9	58) 8 × 9	59) 9 × 9	60) 9 × 0

DAY - 71

NAME. _____ SCORE: /60 TIME.

1) 10 × 9	2) 11 × 6	3) 3 × 11	4) 3 × 10	5) 11 × 3	6) 1 × 11
7) 7 × 11	8) 11 × 8	9) 7 × 10	10) 11 × 7	11) 10 × 2	12) 0 × 10
13) 11 × 0	14) 10 × 7	15) 5 × 10	16) 11 × 6	17) 5 × 10	18) 10 × 6
19) 10 × 7	20) 10 × 4	21) 7 × 10	22) 10 × 4	23) 11 × 0	24) 3 × 11
25) 0 × 11	26) 2 × 11	27) 10 × 8	28) 8 × 10	29) 10 × 7	30) 7 × 10
31) 10 × 9	32) 4 × 11	33) 6 × 11	34) 10 × 2	35) 10 × 7	36) 3 × 11
37) 11 × 6	38) 2 × 10	39) 11 × 2	40) 9 × 11	41) 10 × 2	42) 5 × 11
43) 10 × 8	44) 9 × 11	45) 11 × 9	46) 9 × 10	47) 1 × 10	48) 10 × 3
49) 10 × 5	50) 11 × 5	51) 6 × 11	52) 10 × 1	53) 4 × 11	54) 4 × 10
55) 11 × 5	56) 6 × 10	57) 11 × 7	58) 4 × 11	59) 6 × 10	60) 10 × 8

DAY - 72

NAME.
SCORE: /60
TIME.

1) 10 × 6	2) 11 × 1	3) 6 × 11	4) 0 × 10	5) 11 × 7	6) 0 × 11
7) 2 × 11	8) 11 × 0	9) 8 × 10	10) 11 × 2	11) 10 × 8	12) 9 × 10
13) 11 × 1	14) 10 × 2	15) 6 × 10	16) 11 × 2	17) 2 × 10	18) 10 × 7
19) 10 × 7	20) 10 × 5	21) 7 × 10	22) 10 × 2	23) 11 × 3	24) 5 × 11
25) 0 × 11	26) 0 × 11	27) 10 × 7	28) 0 × 10	29) 10 × 6	30) 6 × 10
31) 10 × 0	32) 9 × 11	33) 8 × 11	34) 10 × 0	35) 10 × 5	36) 1 × 11
37) 11 × 3	38) 6 × 10	39) 11 × 7	40) 6 × 11	41) 10 × 9	42) 7 × 11
43) 10 × 8	44) 9 × 11	45) 11 × 2	46) 0 × 10	47) 2 × 10	48) 10 × 3
49) 10 × 7	50) 11 × 4	51) 1 × 11	52) 10 × 7	53) 6 × 11	54) 2 × 10
55) 11 × 4	56) 0 × 10	57) 11 × 0	58) 2 × 11	59) 3 × 10	60) 10 × 4

DAY - 73

NAME. **SCORE: /60** **TIME.**

#		#		#		#		#		#	
1	10 × 8	2	11 × 7	3	8 × 11	4	0 × 10	5	11 × 9	6	1 × 11
7	7 × 11	8	11 × 1	9	8 × 10	10	11 × 2	11	10 × 0	12	8 × 10
13	11 × 2	14	10 × 2	15	5 × 10	16	11 × 4	17	2 × 10	18	10 × 2
19	10 × 7	20	10 × 2	21	0 × 10	22	10 × 7	23	11 × 2	24	3 × 11
25	1 × 11	26	8 × 11	27	10 × 1	28	6 × 10	29	10 × 7	30	1 × 10
31	10 × 8	32	1 × 11	33	6 × 11	34	10 × 7	35	10 × 2	36	7 × 11
37	11 × 0	38	2 × 10	39	11 × 7	40	7 × 11	41	10 × 1	42	5 × 11
43	10 × 0	44	7 × 11	45	11 × 0	46	7 × 10	47	4 × 10	48	10 × 2
49	10 × 4	50	11 × 9	51	2 × 11	52	10 × 1	53	8 × 11	54	3 × 10
55	11 × 4	56	6 × 10	57	11 × 8	58	8 × 11	59	1 × 10	60	10 × 9

DAY - 74

NAME. ___ SCORE: /60 TIME.

#		#		#		#		#		#	
1	10 × 1	2	11 × 6	3	6 × 11	4	4 × 10	5	11 × 2	6	0 × 11
7	5 × 11	8	11 × 3	9	8 × 10	10	11 × 9	11	10 × 3	12	6 × 10
13	11 × 5	14	10 × 6	15	8 × 10	16	11 × 4	17	5 × 10	18	10 × 3
19	10 × 5	20	10 × 3	21	1 × 10	22	10 × 2	23	11 × 0	24	1 × 11
25	0 × 11	26	5 × 11	27	10 × 1	28	8 × 10	29	10 × 1	30	4 × 10
31	10 × 0	32	0 × 11	33	2 × 11	34	10 × 7	35	10 × 8	36	5 × 11
37	11 × 1	38	7 × 10	39	11 × 2	40	8 × 11	41	10 × 0	42	0 × 11
43	10 × 7	44	5 × 11	45	11 × 4	46	0 × 10	47	9 × 10	48	10 × 9
49	10 × 0	50	11 × 8	51	5 × 11	52	10 × 1	53	1 × 11	54	0 × 10
55	11 × 6	56	8 × 10	57	11 × 7	58	3 × 11	59	7 × 10	60	10 × 1

DAY - 75

NAME.   SCORE: /60   TIME.

1) 10 × 7	2) 11 × 1	3) 9 × 11	4) 6 × 10	5) 11 × 7	6) 0 × 11
7) 0 × 11	8) 11 × 1	9) 2 × 10	10) 11 × 3	11) 10 × 1	12) 3 × 10
13) 11 × 7	14) 10 × 8	15) 0 × 10	16) 11 × 8	17) 7 × 10	18) 10 × 6
19) 10 × 7	20) 10 × 8	21) 6 × 10	22) 10 × 7	23) 11 × 8	24) 9 × 11
25) 1 × 11	26) 2 × 11	27) 10 × 5	28) 5 × 10	29) 10 × 8	30) 4 × 10
31) 10 × 7	32) 5 × 11	33) 7 × 11	34) 10 × 1	35) 10 × 6	36) 0 × 11
37) 11 × 9	38) 6 × 10	39) 11 × 1	40) 0 × 11	41) 10 × 4	42) 4 × 11
43) 10 × 1	44) 1 × 11	45) 11 × 0	46) 2 × 10	47) 6 × 10	48) 10 × 9
49) 10 × 6	50) 11 × 4	51) 8 × 11	52) 10 × 1	53) 6 × 11	54) 4 × 10
55) 11 × 1	56) 0 × 10	57) 11 × 9	58) 8 × 11	59) 6 × 10	60) 10 × 6

DAY - 76

1) 12 × 2	2) 12 × 0	3) 8 × 12	4) 0 × 12	5) 12 × 5	6) 0 × 12
7) 5 × 12	8) 12 × 2	9) 2 × 12	10) 12 × 3	11) 12 × 1	12) 6 × 12
13) 12 × 3	14) 12 × 4	15) 8 × 12	16) 12 × 0	17) 2 × 12	18) 12 × 7
19) 12 × 0	20) 12 × 0	21) 2 × 12	22) 12 × 9	23) 12 × 6	24) 9 × 12
25) 0 × 12	26) 9 × 12	27) 12 × 5	28) 6 × 12	29) 12 × 2	30) 0 × 12
31) 12 × 4	32) 3 × 12	33) 3 × 12	34) 12 × 2	35) 12 × 1	36) 9 × 12
37) 12 × 8	38) 4 × 12	39) 12 × 4	40) 3 × 12	41) 12 × 4	42) 9 × 12
43) 12 × 0	44) 6 × 12	45) 12 × 1	46) 3 × 12	47) 0 × 12	48) 12 × 7
49) 12 × 3	50) 12 × 8	51) 3 × 12	52) 12 × 1	53) 4 × 12	54) 8 × 12
55) 12 × 4	56) 3 × 12	57) 12 × 4	58) 5 × 12	59) 9 × 12	60) 12 × 8

DAY - 77

NAME. **SCORE: /60** **TIME.**

1. 12 × 4	2. 12 × 8	3. 6 × 12	4. 7 × 12	5. 12 × 9	6. 0 × 12
7. 6 × 12	8. 12 × 5	9. 6 × 12	10. 12 × 8	11. 12 × 5	12. 3 × 12
13. 12 × 6	14. 12 × 0	15. 8 × 12	16. 12 × 2	17. 7 × 12	18. 12 × 5
19. 12 × 3	20. 12 × 8	21. 2 × 12	22. 12 × 6	23. 12 × 6	24. 6 × 12
25. 1 × 12	26. 4 × 12	27. 12 × 4	28. 7 × 12	29. 12 × 7	30. 9 × 12
31. 12 × 3	32. 6 × 12	33. 4 × 12	34. 12 × 9	35. 12 × 2	36. 3 × 12
37. 12 × 0	38. 5 × 12	39. 12 × 4	40. 8 × 12	41. 12 × 7	42. 4 × 12
43. 12 × 8	44. 2 × 12	45. 12 × 6	46. 5 × 12	47. 2 × 12	48. 12 × 4
49. 12 × 8	50. 12 × 2	51. 3 × 12	52. 12 × 3	53. 6 × 12	54. 5 × 12
55. 12 × 3	56. 6 × 12	57. 12 × 2	58. 1 × 12	59. 1 × 12	60. 12 × 1

DAY - 78

NAME. **SCORE: /60** **TIME.**

1. 12 × 6	2. 12 × 6	3. 1 × 12	4. 8 × 12	5. 12 × 9	6. 1 × 12
7. 6 × 12	8. 12 × 6	9. 7 × 12	10. 12 × 8	11. 12 × 7	12. 7 × 12
13. 12 × 8	14. 12 × 7	15. 9 × 12	16. 12 × 0	17. 5 × 12	18. 12 × 2
19. 12 × 9	20. 12 × 9	21. 9 × 12	22. 12 × 9	23. 12 × 1	24. 1 × 12
25. 1 × 12	26. 8 × 12	27. 12 × 9	28. 7 × 12	29. 12 × 5	30. 2 × 12
31. 12 × 3	32. 1 × 12	33. 9 × 12	34. 12 × 6	35. 12 × 7	36. 7 × 12
37. 12 × 6	38. 7 × 12	39. 12 × 6	40. 0 × 12	41. 12 × 5	42. 6 × 12
43. 12 × 7	44. 8 × 12	45. 12 × 9	46. 0 × 12	47. 3 × 12	48. 12 × 6
49. 12 × 4	50. 12 × 5	51. 1 × 12	52. 12 × 6	53. 9 × 12	54. 8 × 12
55. 12 × 5	56. 4 × 12	57. 12 × 5	58. 5 × 12	59. 0 × 12	60. 12 × 0

DAY - 79

NAME.
SCORE: /60
TIME.

1. 12 × 1	2. 12 × 7	3. 3 × 12	4. 7 × 12	5. 12 × 0	6. 0 × 12
7. 5 × 12	8. 12 × 6	9. 3 × 12	10. 12 × 7	11. 12 × 5	12. 6 × 12
13. 12 × 1	14. 12 × 6	15. 9 × 12	16. 12 × 0	17. 0 × 12	18. 12 × 1
19. 12 × 2	20. 12 × 4	21. 4 × 12	22. 12 × 1	23. 12 × 5	24. 5 × 12
25. 0 × 12	26. 0 × 12	27. 12 × 4	28. 4 × 12	29. 12 × 1	30. 6 × 12
31. 12 × 4	32. 9 × 12	33. 0 × 12	34. 12 × 9	35. 12 × 9	36. 0 × 12
37. 12 × 0	38. 4 × 12	39. 12 × 6	40. 9 × 12	41. 12 × 8	42. 2 × 12
43. 12 × 4	44. 0 × 12	45. 12 × 0	46. 1 × 12	47. 7 × 12	48. 12 × 6
49. 12 × 3	50. 12 × 2	51. 5 × 12	52. 12 × 1	53. 9 × 12	54. 7 × 12
55. 12 × 7	56. 6 × 12	57. 12 × 1	58. 3 × 12	59. 5 × 12	60. 12 × 9

DAY - 80

NAME. _____ SCORE: /60 TIME.

#		#		#		#		#		#	
1	12 × 5	2	12 × 7	3	0 × 12	4	5 × 12	5	12 × 4	6	0 × 12
7	1 × 12	8	12 × 9	9	0 × 12	10	12 × 3	11	12 × 7	12	2 × 12
13	12 × 0	14	12 × 9	15	3 × 12	16	12 × 8	17	0 × 12	18	12 × 1
19	12 × 5	20	12 × 4	21	7 × 12	22	12 × 8	23	12 × 0	24	6 × 12
25	0 × 12	26	5 × 12	27	12 × 6	28	7 × 12	29	12 × 4	30	1 × 12
31	12 × 9	32	5 × 12	33	7 × 12	34	12 × 1	35	12 × 4	36	8 × 12
37	12 × 0	38	9 × 12	39	12 × 2	40	1 × 12	41	12 × 8	42	5 × 12
43	12 × 2	44	4 × 12	45	12 × 7	46	5 × 12	47	4 × 12	48	12 × 2
49	12 × 1	50	12 × 3	51	1 × 12	52	12 × 0	53	1 × 12	54	0 × 12
55	12 × 4	56	4 × 12	57	12 × 2	58	5 × 12	59	1 × 12	60	12 × 8

DAY - 81

NAME.   SCORE: /60   TIME.

1) 8 × 3	2) 3 × 4	3) 5 × 8	4) 4 × 12	5) 12 × 9	6) 1 × 1
7) 1 × 1	8) 10 × 4	9) 9 × 12	10) 7 × 0	11) 3 × 9	12) 3 × 12
13) 0 × 6	14) 3 × 2	15) 0 × 10	16) 6 × 1	17) 3 × 4	18) 7 × 0
19) 2 × 3	20) 3 × 1	21) 1 × 11	22) 3 × 7	23) 4 × 3	24) 8 × 2
25) 1 × 8	26) 1 × 9	27) 3 × 8	28) 7 × 4	29) 3 × 9	30) 9 × 12
31) 8 × 4	32) 7 × 3	33) 3 × 7	34) 3 × 1	35) 3 × 0	36) 5 × 5
37) 4 × 0	38) 6 × 6	39) 11 × 8	40) 2 × 7	41) 11 × 2	42) 6 × 5
43) 6 × 8	44) 2 × 11	45) 3 × 3	46) 1 × 8	47) 4 × 2	48) 3 × 3
49) 9 × 6	50) 10 × 3	51) 5 × 1	52) 8 × 3	53) 4 × 7	54) 2 × 1
55) 5 × 4	56) 9 × 7	57) 7 × 4	58) 6 × 1	59) 6 × 1	60) 5 × 9

DAY - 82

1) 5 × 0	2) 8 × 6	3) 3 × 12	4) 5 × 12	5) 4 × 3	6) 0 × 11
7) 0 × 4	8) 5 × 3	9) 5 × 3	10) 9 × 8	11) 11 × 3	12) 3 × 0
13) 3 × 4	14) 0 × 8	15) 4 × 7	16) 2 × 2	17) 7 × 9	18) 12 × 3
19) 9 × 5	20) 11 × 9	21) 1 × 12	22) 3 × 2	23) 3 × 5	24) 8 × 6
25) 1 × 8	26) 5 × 0	27) 7 × 2	28) 6 × 2	29) 2 × 9	30) 1 × 0
31) 11 × 0	32) 5 × 6	33) 0 × 9	34) 10 × 3	35) 1 × 9	36) 4 × 12
37) 3 × 9	38) 5 × 6	39) 11 × 7	40) 9 × 0	41) 2 × 3	42) 3 × 5
43) 11 × 8	44) 9 × 11	45) 5 × 2	46) 7 × 9	47) 9 × 4	48) 8 × 9
49) 0 × 7	50) 11 × 6	51) 6 × 4	52) 0 × 8	53) 1 × 6	54) 5 × 1
55) 9 × 6	56) 4 × 2	57) 0 × 6	58) 6 × 10	59) 0 × 2	60) 3 × 8

DAY - 83

NAME.
SCORE: /60
TIME.

1) 9 × 2
2) 8 × 2
3) 1 × 5
4) 7 × 12
5) 3 × 2
6) 0 × 12

7) 9 × 9
8) 3 × 0
9) 1 × 1
10) 12 × 5
11) 11 × 9
12) 4 × 10

13) 12 × 4
14) 2 × 4
15) 4 × 3
16) 12 × 4
17) 6 × 1
18) 5 × 6

19) 1 × 6
20) 12 × 3
21) 7 × 11
22) 5 × 2
23) 10 × 2
24) 0 × 11

25) 1 × 11
26) 1 × 2
27) 3 × 5
28) 1 × 10
29) 4 × 2
30) 8 × 1

31) 11 × 9
32) 9 × 3
33) 4 × 12
34) 12 × 4
35) 8 × 4
36) 0 × 5

37) 6 × 0
38) 2 × 10
39) 0 × 3
40) 1 × 6
41) 8 × 2
42) 5 × 10

43) 7 × 2
44) 3 × 1
45) 5 × 4
46) 9 × 4
47) 2 × 4
48) 7 × 2

49) 6 × 9
50) 10 × 7
51) 4 × 4
52) 12 × 3
53) 7 × 5
54) 6 × 4

55) 0 × 1
56) 4 × 5
57) 12 × 5
58) 1 × 4
59) 7 × 12
60) 10 × 8

DAY - 84

1) 7 × 7	2) 11 × 1	3) 6 × 1	4) 6 × 12	5) 5 × 6	6) 1 × 2
7) 7 × 4	8) 7 × 2	9) 9 × 12	10) 9 × 5	11) 8 × 3	12) 9 × 11
13) 10 × 9	14) 0 × 6	15) 5 × 3	16) 12 × 1	17) 6 × 3	18) 3 × 9
19) 6 × 3	20) 5 × 6	21) 8 × 12	22) 0 × 7	23) 3 × 9	24) 1 × 0
25) 0 × 7	26) 3 × 2	27) 9 × 4	28) 7 × 0	29) 4 × 1	30) 7 × 11
31) 9 × 8	32) 4 × 0	33) 8 × 0	34) 6 × 3	35) 6 × 1	36) 7 × 5
37) 0 × 7	38) 0 × 7	39) 11 × 7	40) 9 × 4	41) 12 × 8	42) 0 × 6
43) 7 × 3	44) 0 × 7	45) 12 × 0	46) 9 × 4	47) 2 × 7	48) 3 × 9
49) 5 × 2	50) 8 × 2	51) 2 × 5	52) 0 × 2	53) 4 × 5	54) 7 × 2
55) 1 × 9	56) 9 × 7	57) 9 × 2	58) 3 × 0	59) 3 × 7	60) 0 × 7

DAY - 85

NAME. SCORE: /60 TIME.

1) 1 × 7	2) 2 × 8	3) 3 × 9	4) 6 × 12	5) 10 × 9	6) 0 × 2
7) 6 × 3	8) 1 × 6	9) 6 × 3	10) 1 × 0	11) 9 × 1	12) 5 × 4
13) 7 × 0	14) 6 × 6	15) 5 × 5	16) 12 × 4	17) 2 × 0	18) 11 × 1
19) 10 × 3	20) 1 × 5	21) 5 × 1	22) 1 × 4	23) 3 × 7	24) 2 × 9
25) 1 × 7	26) 9 × 11	27) 3 × 8	28) 5 × 11	29) 0 × 2	30) 9 × 11
31) 5 × 1	32) 8 × 0	33) 8 × 10	34) 8 × 9	35) 11 × 3	36) 3 × 6
37) 8 × 8	38) 5 × 5	39) 6 × 2	40) 5 × 5	41) 8 × 2	42) 8 × 11
43) 1 × 9	44) 5 × 0	45) 7 × 0	46) 0 × 1	47) 6 × 1	48) 0 × 2
49) 3 × 7	50) 2 × 5	51) 0 × 10	52) 12 × 7	53) 7 × 7	54) 8 × 6
55) 5 × 0	56) 2 × 0	57) 0 × 7	58) 7 × 5	59) 2 × 3	60) 7 × 3

DAY - 86

NAME. SCORE: /60 TIME.

1) 11 × 7	2) 0 × 4	3) 7 × 2	4) 1 × 12	5) 7 × 5	6) 0 × 4
7) 4 × 7	8) 11 × 9	9) 3 × 7	10) 12 × 0	11) 6 × 5	12) 5 × 10
13) 5 × 9	14) 5 × 0	15) 5 × 12	16) 1 × 7	17) 5 × 6	18) 11 × 1
19) 5 × 0	20) 5 × 4	21) 1 × 12	22) 0 × 8	23) 9 × 2	24) 6 × 10
25) 0 × 9	26) 1 × 7	27) 5 × 9	28) 6 × 4	29) 7 × 6	30) 1 × 11
31) 3 × 1	32) 6 × 10	33) 7 × 6	34) 1 × 4	35) 2 × 4	36) 7 × 5
37) 2 × 7	38) 0 × 11	39) 5 × 5	40) 4 × 1	41) 7 × 3	42) 4 × 3
43) 6 × 0	44) 6 × 8	45) 0 × 9	46) 3 × 11	47) 1 × 10	48) 6 × 7
49) 4 × 5	50) 12 × 3	51) 9 × 11	52) 0 × 8	53) 6 × 3	54) 9 × 9
55) 1 × 9	56) 7 × 5	57) 2 × 4	58) 7 × 11	59) 9 × 0	60) 3 × 9

DAY - 87

NAME.
SCORE: /60
TIME.

1) 5 × 9	2) 9 × 1	3) 4 × 3	4) 0 × 12	5) 6 × 0	6) 1 × 11
7) 5 × 6	8) 8 × 1	9) 8 × 10	10) 8 × 5	11) 2 × 5	12) 6 × 8
13) 1 × 7	14) 8 × 9	15) 7 × 6	16) 11 × 8	17) 9 × 2	18) 2 × 8
19) 6 × 9	20) 11 × 8	21) 6 × 3	22) 9 × 3	23) 1 × 1	24) 1 × 4
25) 1 × 2	26) 3 × 8	27) 4 × 5	28) 2 × 0	29) 7 × 0	30) 6 × 9
31) 9 × 0	32) 9 × 8	33) 2 × 2	34) 0 × 6	35) 2 × 8	36) 1 × 6
37) 6 × 6	38) 5 × 8	39) 4 × 5	40) 3 × 8	41) 0 × 8	42) 4 × 6
43) 0 × 5	44) 1 × 3	45) 4 × 8	46) 8 × 8	47) 7 × 0	48) 12 × 9
49) 0 × 5	50) 11 × 0	51) 4 × 9	52) 12 × 1	53) 3 × 8	54) 3 × 12
55) 9 × 5	56) 7 × 2	57) 7 × 0	58) 3 × 0	59) 6 × 4	60) 12 × 14

DAY - 88

1) 1 × 3	2) 0 × 5	3) 5 × 8	4) 5 × 12	5) 1 × 4	6) 0 × 5
7) 1 × 3	8) 12 × 5	9) 1 × 6	10) 12 × 4	11) 10 × 0	12) 0 × 7
13) 4 × 9	14) 7 × 2	15) 1 × 12	16) 6 × 5	17) 7 × 8	18) 12 × 1
19) 8 × 4	20) 10 × 1	21) 2 × 0	22) 7 × 9	23) 7 × 3	24) 1 × 2
25) 1 × 4	26) 3 × 10	27) 1 × 8	28) 2 × 3	29) 5 × 9	30) 0 × 5
31) 8 × 3	32) 2 × 1	33) 1 × 1	34) 5 × 5	35) 8 × 2	36) 8 × 4
37) 9 × 9	38) 5 × 10	39) 4 × 1	40) 3 × 12	41) 12 × 8	42) 5 × 2
43) 12 × 0	44) 1 × 10	45) 12 × 7	46) 0 × 9	47) 6 × 3	48) 11 × 6
49) 7 × 0	50) 9 × 2	51) 1 × 7	52) 12 × 8	53) 6 × 2	54) 5 × 10
55) 1 × 1	56) 3 × 12	57) 3 × 9	58) 0 × 8	59) 3 × 2	60) 2 × 2

DAY - 89

NAME. **SCORE: /60** **TIME.**

1) 10 × 7	2) 3 × 1	3) 4 × 10	4) 12 × 12	5) 11 × 3	6) 1 × 5
7) 5 × 12	8) 7 × 7	9) 6 × 7	10) 1 × 3	11) 6 × 6	12) 7 × 5
13) 2 × 1	14) 3 × 8	15) 0 × 9	16) 4 × 5	17) 3 × 0	18) 2 × 3
19) 1 × 9	20) 7 × 4	21) 3 × 6	22) 8 × 6	23) 12 × 9	24) 2 × 0
25) 1 × 11	26) 8 × 5	27) 2 × 6	28) 5 × 5	29) 7 × 2	30) 0 × 2
31) 8 × 6	32) 0 × 4	33) 4 × 3	34) 9 × 0	35) 9 × 4	36) 9 × 2
37) 4 × 6	38) 3 × 4	39) 3 × 8	40) 1 × 6	41) 5 × 8	42) 9 × 7
43) 6 × 0	44) 0 × 6	45) 7 × 2	46) 1 × 1	47) 4 × 12	48) 5 × 5
49) 7 × 2	50) 6 × 1	51) 8 × 3	52) 10 × 5	53) 4 × 1	54) 6 × 12
55) 2 × 6	56) 7 × 12	57) 11 × 5	58) 0 × 2	59) 1 × 7	60) 1 × 2

DAY - 90

NAME. _____ SCORE: /60 TIME.

1) 5 × 2	2) 2 × 1	3) 8 × 12	4) 10 × 12	5) 0 × 7	6) 1 × 2
7) 8 × 6	8) 2 × 6	9) 1 × 2	10) 1 × 9	11) 8 × 2	12) 8 × 0
13) 1 × 0	14) 0 × 4	15) 2 × 1	16) 5 × 2	17) 0 × 1	18) 4 × 0
19) 1 × 0	20) 2 × 9	21) 4 × 8	22) 8 × 9	23) 3 × 3	24) 9 × 3
25) 0 × 12	26) 9 × 3	27) 0 × 3	28) 4 × 5	29) 5 × 0	30) 7 × 11
31) 12 × 5	32) 9 × 10	33) 6 × 0	34) 4 × 1	35) 4 × 9	36) 3 × 1
37) 7 × 1	38) 2 × 7	39) 9 × 5	40) 5 × 1	41) 8 × 2	42) 6 × 9
43) 11 × 1	44) 2 × 3	45) 8 × 0	46) 5 × 10	47) 7 × 4	48) 3 × 0
49) 7 × 8	50) 7 × 0	51) 9 × 0	52) 2 × 1	53) 0 × 1	54) 4 × 2
55) 9 × 9	56) 2 × 1	57) 5 × 2	58) 5 × 5	59) 0 × 4	60) 5 × 8

DAY - 91

NAME. _____ SCORE: /60 TIME.

1) 9 × 5	2) 4 × 1	3) 7 × 10	4) 8 × 12	5) 7 × 0	6) 0 × 3
7) 6 × 5	8) 0 × 6	9) 0 × 4	10) 10 × 9	11) 0 × 9	12) 8 × 5
13) 5 × 1	14) 5 × 3	15) 0 × 10	16) 8 × 1	17) 4 × 12	18) 0 × 6
19) 5 × 3	20) 3 × 1	21) 6 × 8	22) 11 × 4	23) 4 × 4	24) 2 × 0
25) 1 × 10	26) 2 × 12	27) 6 × 2	28) 0 × 10	29) 5 × 9	30) 0 × 10
31) 12 × 6	32) 9 × 3	33) 9 × 0	34) 8 × 3	35) 8 × 0	36) 3 × 7
37) 8 × 2	38) 6 × 11	39) 11 × 1	40) 7 × 4	41) 9 × 1	42) 7 × 5
43) 5 × 2	44) 7 × 0	45) 11 × 7	46) 6 × 10	47) 5 × 10	48) 2 × 3
49) 2 × 7	50) 8 × 9	51) 1 × 0	52) 1 × 5	53) 9 × 11	54) 7 × 5
55) 11 × 5	56) 1 × 5	57) 12 × 0	58) 1 × 1	59) 8 × 1	60) 9 × 3

DAY - 92

NAME. _____ SCORE: ___/60 TIME. _____

1) 9 × 2	2) 4 × 8	3) 8 × 5	4) 4 × 12	5) 4 × 8	6) 0 × 7
7) 1 × 12	8) 1 × 5	9) 0 × 5	10) 0 × 9	11) 6 × 0	12) 4 × 12
13) 5 × 5	14) 12 × 0	15) 5 × 2	16) 9 × 5	17) 3 × 5	18) 11 × 3
19) 4 × 7	20) 11 × 1	21) 7 × 6	22) 7 × 0	23) 5 × 7	24) 8 × 10
25) 1 × 8	26) 8 × 4	27) 4 × 1	28) 1 × 9	29) 11 × 6	30) 8 × 5
31) 4 × 7	32) 7 × 12	33) 4 × 11	34) 12 × 0	35) 0 × 9	36) 9 × 4
37) 6 × 4	38) 1 × 8	39) 0 × 7	40) 5 × 7	41) 10 × 5	42) 7 × 5
43) 3 × 5	44) 0 × 7	45) 8 × 7	46) 6 × 0	47) 1 × 6	48) 6 × 9
49) 1 × 8	50) 9 × 5	51) 3 × 3	52) 6 × 0	53) 4 × 8	54) 0 × 4
55) 12 × 3	56) 6 × 5	57) 5 × 0	58) 8 × 5	59) 1 × 1	60) 3 × 9

DAY - 93

#	Problem	#	Problem	#	Problem	#	Problem	#	Problem	#	Problem
1	10 × 8	2	2 × 4	3	0 × 0	4	4 × 12	5	1 × 9	6	1 × 2
7	6 × 6	8	5 × 1	9	8 × 4	10	11 × 6	11	11 × 0	12	6 × 5
13	8 × 5	14	6 × 8	15	1 × 1	16	1 × 0	17	1 × 5	18	10 × 3
19	12 × 8	20	4 × 2	21	7 × 1	22	5 × 8	23	2 × 4	24	5 × 9
25	1 × 12	26	6 × 1	27	4 × 6	28	9 × 9	29	11 × 5	30	1 × 4
31	8 × 8	32	3 × 0	33	3 × 4	34	3 × 4	35	11 × 2	36	2 × 9
37	0 × 9	38	9 × 7	39	2 × 5	40	3 × 7	41	12 × 4	42	2 × 6
43	10 × 8	44	2 × 8	45	3 × 7	46	8 × 1	47	2 × 0	48	0 × 1
49	11 × 0	50	11 × 0	51	4 × 8	52	0 × 5	53	4 × 6	54	6 × 11
55	8 × 3	56	9 × 0	57	11 × 5	58	2 × 1	59	6 × 2	60	9 × 8

DAY - 94

NAME.
SCORE: / 60
TIME.

1) 0 × 1	2) 10 × 2	3) 3 × 2	4) 5 × 12	5) 0 × 0	6) 1 × 6
7) 0 × 6	8) 10 × 8	9) 1 × 7	10) 10 × 4	11) 8 × 7	12) 9 × 1
13) 0 × 2	14) 9 × 0	15) 0 × 9	16) 2 × 6	17) 0 × 4	18) 5 × 1
19) 2 × 4	20) 4 × 1	21) 6 × 2	22) 3 × 9	23) 10 × 4	24) 4 × 9
25) 0 × 0	26) 9 × 0	27) 5 × 0	28) 8 × 9	29) 11 × 5	30) 1 × 7
31) 4 × 3	32) 5 × 5	33) 2 × 11	34) 5 × 9	35) 9 × 3	36) 3 × 1
37) 3 × 5	38) 7 × 7	39) 4 × 9	40) 3 × 11	41) 1 × 4	42) 7 × 5
43) 5 × 8	44) 9 × 1	45) 9 × 9	46) 7 × 5	47) 3 × 4	48) 2 × 1
49) 6 × 5	50) 12 × 3	51) 4 × 9	52) 3 × 8	53) 3 × 9	54) 3 × 8
55) 1 × 1	56) 6 × 0	57) 7 × 9	58) 3 × 11	59) 2 × 12	60) 9 × 2

DAY - 95 NAME.   SCORE: /60   TIME.

#		#		#		#		#		#	
1	3 × 2	2	8 × 7	3	9 × 12	4	4 × 12	5	3 × 4	6	0 × 9
7	2 × 2	8	11 × 3	9	3 × 0	10	7 × 7	11	3 × 0	12	0 × 7
13	1 × 5	14	7 × 7	15	9 × 9	16	11 × 2	17	7 × 0	18	6 × 2
19	11 × 1	20	5 × 7	21	6 × 1	22	9 × 2	23	0 × 3	24	7 × 11
25	0 × 7	26	2 × 5	27	2 × 4	28	9 × 12	29	3 × 5	30	4 × 5
31	8 × 2	32	5 × 1	33	0 × 8	34	3 × 3	35	11 × 9	36	1 × 2
37	3 × 4	38	6 × 0	39	0 × 1	40	2 × 11	41	6 × 0	42	4 × 2
43	10 × 4	44	4 × 2	45	6 × 3	46	4 × 8	47	4 × 7	48	4 × 2
49	11 × 0	50	6 × 6	51	3 × 9	52	5 × 7	53	4 × 11	54	0 × 3
55	2 × 4	56	6 × 6	57	3 × 3	58	2 × 12	59	6 × 10	60	5 × 0

DAY - 96

#		#		#		#		#		#	
1	11 × 6	2	9 × 7	3	4 × 4	4	7 × 12	5	6 × 2	6	0 × 1
7	0 × 6	8	5 × 3	9	7 × 2	10	5 × 0	11	12 × 9	12	1 × 5
13	11 × 4	14	9 × 5	15	1 × 1	16	8 × 4	17	9 × 11	18	3 × 5
19	1 × 2	20	2 × 0	21	1 × 3	22	3 × 7	23	7 × 0	24	8 × 1
25	1 × 3	26	1 × 6	27	5 × 0	28	4 × 2	29	2 × 3	30	2 × 5
31	5 × 0	32	4 × 4	33	6 × 10	34	7 × 4	35	8 × 0	36	7 × 8
37	8 × 2	38	4 × 12	39	0 × 9	40	2 × 1	41	5 × 6	42	1 × 5
43	8 × 1	44	2 × 9	45	6 × 1	46	1 × 12	47	0 × 12	48	12 × 4
49	0 × 4	50	9 × 1	51	4 × 3	52	0 × 2	53	9 × 7	54	0 × 3
55	2 × 6	56	8 × 0	57	5 × 4	58	3 × 8	59	4 × 3	60	2 × 3

DAY - 97

NAME.
SCORE: /60
TIME.

1) 8 × 5	2) 11 × 1	3) 6 × 10	4) 5 × 12	5) 12 × 8	6) 0 × 12
7) 4 × 4	8) 1 × 3	9) 7 × 10	10) 9 × 4	11) 8 × 0	12) 9 × 7
13) 6 × 8	14) 8 × 5	15) 9 × 0	16) 7 × 5	17) 9 × 11	18) 6 × 2
19) 2 × 5	20) 4 × 8	21) 2 × 8	22) 10 × 6	23) 4 × 4	24) 1 × 9
25) 0 × 1	26) 2 × 5	27) 1 × 5	28) 0 × 11	29) 2 × 1	30) 5 × 0
31) 2 × 7	32) 7 × 6	33) 9 × 7	34) 6 × 0	35) 9 × 7	36) 7 × 9
37) 3 × 9	38) 9 × 4	39) 9 × 8	40) 5 × 5	41) 5 × 1	42) 8 × 11
43) 5 × 3	44) 5 × 2	45) 0 × 4	46) 7 × 11	47) 1 × 8	48) 4 × 9
49) 11 × 5	50) 7 × 5	51) 5 × 5	52) 8 × 5	53) 5 × 11	54) 2 × 3
55) 6 × 9	56) 2 × 5	57) 11 × 5	58) 4 × 1	59) 1 × 0	60) 2 × 4

DAY - 98

NAME. SCORE: /60 TIME.

1) 0 × 8
2) 1 × 3
3) 4 × 8
4) 12 × 12
5) 8 × 7
6) 1 × 6

7) 5 × 7
8) 10 × 5
9) 5 × 4
10) 3 × 0
11) 1 × 2
12) 8 × 3

13) 5 × 6
14) 3 × 0
15) 4 × 12
16) 4 × 0
17) 3 × 4
18) 12 × 9

19) 0 × 4
20) 9 × 1
21) 3 × 0
22) 7 × 6
23) 6 × 5
24) 8 × 1

25) 1 × 0
26) 8 × 0
27) 0 × 4
28) 0 × 12
29) 11 × 3
30) 5 × 1

31) 10 × 9
32) 9 × 3
33) 0 × 11
34) 4 × 6
35) 7 × 8
36) 6 × 6

37) 5 × 5
38) 0 × 1
39) 5 × 0
40) 6 × 8
41) 12 × 7
42) 9 × 8

43) 10 × 1
44) 0 × 6
45) 11 × 4
46) 1 × 12
47) 5 × 1
48) 1 × 5

49) 0 × 8
50) 5 × 9
51) 9 × 12
52) 9 × 1
53) 7 × 9
54) 5 × 9

55) 5 × 7
56) 3 × 12
57) 1 × 4
58) 5 × 4
59) 1 × 1
60) 4 × 6

DAY - 99

NAME. **SCORE: / 60** **TIME.**

1. 7 × 0	2. 6 × 1	3. 4 × 8	4. 6 × 12	5. 10 × 6	6. 1 × 0
7. 5 × 2	8. 0 × 6	9. 7 × 0	10. 0 × 2	11. 9 × 7	12. 1 × 1
13. 4 × 1	14. 9 × 6	15. 7 × 12	16. 4 × 9	17. 8 × 0	18. 9 × 4
19. 2 × 1	20. 2 × 7	21. 2 × 9	22. 9 × 0	23. 2 × 0	24. 0 × 10
25. 1 × 12	26. 3 × 6	27. 6 × 9	28. 7 × 5	29. 1 × 3	30. 0 × 12
31. 5 × 0	32. 7 × 0	33. 8 × 5	34. 6 × 6	35. 8 × 5	36. 5 × 8
37. 12 × 6	38. 6 × 10	39. 6 × 8	40. 7 × 6	41. 8 × 4	42. 8 × 11
43. 8 × 5	44. 0 × 3	45. 8 × 9	46. 5 × 2	47. 7 × 6	48. 10 × 1
49. 6 × 2	50. 3 × 2	51. 9 × 7	52. 0 × 8	53. 6 × 11	54. 9 × 9
55. 0 × 5	56. 3 × 5	57. 7 × 4	58. 2 × 6	59. 4 × 11	60. 6 × 8

DAY - 100

NAME.
SCORE: /60
TIME.

1) 2 × 7	2) 11 × 6	3) 7 × 6	4) 1 × 12	5) 1 × 0	6) 1 × 12
7) 5 × 0	8) 1 × 0	9) 0 × 12	10) 11 × 4	11) 1 × 9	12) 0 × 10
13) 1 × 6	14) 12 × 1	15) 6 × 7	16) 3 × 2	17) 4 × 1	18) 5 × 5
19) 4 × 1	20) 3 × 3	21) 2 × 7	22) 6 × 1	23) 9 × 6	24) 0 × 12
25) 1 × 3	26) 4 × 2	27) 6 × 5	28) 3 × 6	29) 8 × 7	30) 2 × 6
31) 11 × 0	32) 6 × 2	33) 3 × 12	34) 8 × 5	35) 8 × 2	36) 4 × 6
37) 11 × 8	38) 6 × 2	39) 12 × 4	40) 0 × 7	41) 5 × 6	42) 0 × 7
43) 10 × 7	44) 1 × 12	45) 8 × 1	46) 8 × 3	47) 3 × 4	48) 0 × 9
49) 4 × 1	50) 3 × 8	51) 2 × 3	52) 9 × 1	53) 4 × 9	54) 7 × 10
55) 5 × 6	56) 1 × 4	57) 11 × 9	58) 2 × 7	59) 1 × 1	60) 9 × 6

Answers

Page Number	Answers
1	{9, 3, 6, 4, 2, 9, 4, 6, 2, 3, 3, 5, 10, 8, 2, 6, 5, 5, 6, 3, 4, 7, 4, 9, 6, 4, 10, 5, 1, 8, 5, 3, 4, 4, 5, 3, 5, 4, 5, 2, 8, 5, 5, 1, 5, 2, 10, 6, 5, 3, 3, 6, 1, 6, 2, 6, 4, 8, 4, 7}
2	{7, 3, 9, 5, 7, 7, 6, 7, 2, 5, 6, 10, 1, 6, 4, 6, 5, 5, 5, 7, 8, 5, 5, 2, 4, 5, 8, 6, 6, 6, 1, 2, 6, 7, 4, 3, 5, 5, 5, 1, 4, 5, 4, 5, 7, 6, 5, 6, 4, 8, 4, 5, 6, 7, 5, 4, 7, 2, 9, 9}
3	{6, 4, 4, 4, 4, 5, 5, 4, 3, 6, 7, 4, 10, 6, 6, 4, 6, 8, 1, 8, 1, 6, 5, 7, 7, 9, 6, 5, 7, 2, 8, 5, 4, 6, 6, 6, 3, 6, 9, 3, 2, 2, 6, 6, 3, 4, 6, 5, 6, 9, 7, 6, 4, 4, 5, 3, 3, 2, 3, 8}
4	{9, 6, 8, 3, 5, 6, 9, 5, 6, 4, 0, 3, 7, 7, 4, 3, 6, 7, 3, 4, 5, 7, 4, 5, 3, 7, 5, 6, 6, 7, 3, 6, 5, 5, 6, 7, 9, 4, 4, 6, 2, 5, 4, 6, 2, 2, 7, 3, 6, 6, 5, 3, 7, 6, 7, 6, 6, 4, 5, 7}
5	{5, 5, 4, 4, 4, 3, 1, 9, 3, 5, 4, 3, 3, 5, 3, 3, 6, 8, 6, 7, 3, 5, 8, 7, 9, 6, 4, 8, 5, 1, 4, 6, 4, 6, 8, 4, 9, 5, 5, 5, 2, 4, 8, 8, 1, 7, 5, 4, 6, 10, 3, 6, 7, 3, 6, 5, 6, 3, 4, 2}
6	{8, 7, 7, 6, 8, 9, 8, 9, 8, 1, 7, 11, 3, 8, 9, 5, 9, 3, 11, 1, 1, 12, 8, 7, 8, 10, 9, 9, 11, 8, 6, 8, 5, 3, 2, 4, 12, 2, 4, 4, 13, 14, 5, 12, 12, 5, 5, 12, 4, 7, 6, 4, 6, 4, 5, 8, 10, 6, 7, 7}

Answers

Page Number	Answers
7	{12 , 6 , 3 , 2 , 5 , 5 , 11 , 10 , 4 , 5 , 4 , 12 , 0 , 7 , 11 , 7 , 5 , 6 , 9 , 3 , 5 , 9 , 7 , 4 , 6 , 10 , 8 , 6 , 3 , 4 , 7 , 7 , 10 , 7 , 9 , 10 , 5 , 1 , 9 , 2 , 10 , 6 , 9 , 7 , 3 , 6 , 8 , 5 , 3 , 6 , 6 , 2 , 6 , 14 , 13 , 9 , 13 , 10 , 7 , 7}
8	{10 , 7 , 13 , 7 , 2 , 12 , 11 , 8 , 11 , 4 , 7 , 2 , 9 , 7 , 7 , 9 , 10 , 11 , 11 , 1 , 2 , 10 , 4 , 3 , 3 , 8 , 5 , 4 , 8 , 6 , 9 , 4 , 9 , 13 , 8 , 11 , 8 , 12 , 7 , 9 , 9 , 12 , 1 , 12 , 6 , 8 , 8 , 7 , 10 , 4 , 6 , 10 , 5 , 4 , 13 , 11 , 7 , 12 , 11 , 10}
9	{4 , 4 , 8 , 6 , 3 , 9 , 6 , 6 , 12 , 9 , 8 , 7 , 7 , 3 , 8 , 10 , 6 , 10 , 7 , 10 , 12 , 6 , 3 , 10 , 4 , 8 , 12 , 9 , 7 , 9 , 4 , 8 , 13 , 12 , 10 , 7 , 11 , 6 , 3 , 7 , 6 , 10 , 9 , 5 , 5 , 4 , 4 , 4 , 5 , 5 , 8 , 8 , 9 , 8 , 3 , 7 , 2 , 11 , 2 , 11}
10	{9 , 9 , 3 , 5 , 9 , 4 , 10 , 2 , 11 , 6 , 7 , 10 , 7 , 9 , 3 , 7 , 8 , 12 , 3 , 2 , 6 , 5 , 8 , 7 , 5 , 1 , 2 , 8 , 8 , 12 , 2 , 4 , 3 , 3 , 5 , 6 , 12 , 6 , 10 , 11 , 7 , 6 , 9 , 7 , 6 , 9 , 11 , 9 , 7 , 8 , 4 , 9 , 0 , 8 , 2 , 10 , 6 , 9 , 10 , 7}
11	{12 , 10 , 12 , 11 , 8 , 15 , 8 , 10 , 6 , 9 , 6 , 13 , 1 , 8 , 8 , 9 , 10 , 10 , 7 , 11 , 14 , 11 , 11 , 15 , 17 , 15 , 16 , 7 , 17 , 5 , 15 , 6 , 2 , 5 , 10 , 16 , 7 , 10 , 8 , 9 , 6 , 6 , 6 , 11 , 10 , 9 , 9 , 5 , 11 , 2 , 8 , 11 , 13 , 9 , 7 , 9 , 15 , 7 , 5 , 13}
12	{13 , 8 , 12 , 9 , 10 , 19 , 15 , 16 , 16 , 7 , 1 , 10 , 10 , 4 , 12 , 12 , 13 , 5 , 4 , 15 , 10 , 12 , 11 , 12 , 8 , 16 , 15 , 12 , 7 , 3 , 16 , 8 , 15 , 5 , 14 , 8 , 7 , 9 , 12 , 2 , 12 , 8 , 9 , 10 , 12 , 12 , 7 , 12 , 13 , 10 , 7 , 10 , 7 , 3 , 7 , 13 , 8 , 10 , 12 , 7}

Answers

Page Number	Answers
13	{6, 13, 5, 6, 9, 10, 6, 5, 10, 11, 6, 10, 12, 6, 15, 7, 6, 18, 8, 12, 14, 14, 4, 9, 12, 10, 12, 7, 13, 8, 10, 14, 16, 10, 12, 8, 2, 10, 12, 9, 15, 7, 3, 11, 16, 11, 10, 8, 8, 11, 7, 7, 9, 7, 6, 7, 14, 13, 10, 12}
14	{8, 11, 3, 13, 13, 13, 16, 8, 6, 8, 8, 10, 10, 8, 13, 16, 9, 4, 16, 13, 4, 8, 9, 9, 10, 8, 4, 8, 6, 9, 15, 13, 16, 11, 8, 4, 11, 15, 11, 16, 10, 5, 11, 3, 17, 5, 6, 13, 9, 3, 2, 10, 7, 4, 11, 16, 11, 9, 4, 3}
15	{11, 8, 12, 16, 13, 11, 4, 9, 11, 7, 7, 8, 11, 7, 4, 9, 16, 15, 6, 7, 7, 11, 11, 11, 3, 9, 11, 11, 11, 11, 13, 8, 13, 20, 9, 15, 12, 9, 12, 10, 6, 8, 15, 11, 11, 10, 14, 4, 11, 9, 15, 1, 8, 15, 11, 4, 12, 15, 8, 13}
16	{8, 13, 10, 13, 15, 17, 14, 9, 3, 15, 8, 13, 12, 3, 8, 5, 10, 7, 14, 5, 8, 7, 9, 13, 16, 17, 3, 5, 4, 8, 13, 16, 13, 14, 8, 7, 11, 13, 13, 16, 2, 12, 9, 13, 13, 9, 1, 9, 15, 13, 10, 16, 13, 11, 15, 13, 13, 8, 5, 7}
17	{13, 11, 8, 6, 5, 14, 9, 8, 8, 6, 6, 19, 8, 9, 12, 15, 8, 3, 16, 11, 6, 12, 5, 14, 14, 13, 11, 11, 12, 17, 16, 9, 14, 14, 12, 18, 17, 9, 12, 10, 8, 18, 12, 8, 4, 7, 8, 6, 9, 11, 16, 14, 10, 8, 10, 10, 8, 7, 5, 5}
18	{13, 10, 10, 11, 8, 17, 6, 11, 6, 6, 5, 12, 8, 10, 12, 9, 13, 8, 15, 10, 15, 3, 14, 8, 11, 13, 3, 6, 7, 9, 9, 3, 3, 14, 9, 6, 19, 13, 7, 7, 6, 19, 4, 6, 5, 13, 6, 6, 13, 9, 6, 14, 14, 7, 18, 13, 17, 8, 3, 8}

Answers

Page Number	Answers
19	{8, 13, 10, 14, 12, 7, 17, 9, 10, 7, 14, 8, 7, 13, 14, 9, 5, 13, 13, 7, 9, 12, 11, 10, 14, 5, 18, 14, 12, 11, 9, 7, 10, 5, 10, 6, 9, 15, 3, 11, 10, 13, 3, 4, 11, 6, 6, 10, 13, 9, 9, 10, 12, 5, 6, 13, 4, 9, 3, 11}
20	{9, 7, 14, 11, 12, 13, 9, 7, 8, 16, 14, 13, 11, 7, 6, 17, 13, 10, 2, 11, 11, 9, 5, 6, 8, 7, 11, 9, 15, 15, 4, 8, 3, 7, 7, 9, 12, 8, 7, 12, 10, 16, 14, 10, 12, 8, 10, 19, 16, 14, 16, 14, 7, 17, 9, 10, 9, 6, 18, 9}
21	{9, 9, 15, 17, 7, 14, 19, 14, 6, 11, 7, 10, 12, 5, 5, 18, 11, 8, 11, 9, 15, 9, 15, 7, 15, 4, 14, 17, 4, 7, 2, 7, 9, 17, 8, 16, 18, 10, 9, 17, 14, 0, 4, 9, 6, 11, 16, 13, 10, 1, 3, 15, 13, 15, 3, 11, 11, 17, 1, 7}
22	{8, 10, 15, 3, 16, 10, 11, 3, 9, 9, 6, 10, 14, 13, 18, 14, 12, 8, 2, 1, 11, 9, 15, 7, 12, 9, 11, 5, 8, 10, 9, 11, 5, 17, 8, 3, 4, 11, 12, 13, 10, 2, 11, 3, 12, 15, 1, 7, 19, 11, 11, 6, 6, 10, 13, 10, 17, 13, 8, 3}
23	{0, 9, 8, 12, 2, 12, 12, 14, 11, 12, 14, 17, 9, 9, 7, 12, 15, 12, 16, 8, 12, 10, 11, 8, 9, 11, 18, 11, 10, 9, 11, 14, 12, 14, 9, 14, 8, 8, 15, 7, 9, 13, 12, 12, 8, 14, 9, 1, 6, 8, 7, 13, 2, 3, 8, 16, 1, 8, 10, 7}
24	{4, 15, 4, 4, 6, 8, 10, 10, 11, 1, 12, 5, 12, 12, 7, 9, 3, 10, 16, 13, 18, 8, 15, 8, 12, 14, 16, 9, 5, 7, 9, 11, 8, 12, 12, 18, 9, 11, 10, 14, 15, 13, 14, 6, 14, 5, 14, 14, 11, 2, 13, 11, 7, 14, 16, 10, 4, 12, 8, 12}

Answers

Page Number	Answers
25	{7, 3, 11, 9, 8, 10, 8, 12, 13, 13, 11, 14, 14, 8, 7, 11, 12, 7, 11, 7, 16, 4, 5, 10, 7, 16, 13, 16, 3, 11, 6, 5, 9, 5, 5, 6, 5, 4, 8, 16, 7, 12, 15, 10, 16, 11, 13, 3, 6, 9, 8, 15, 7, 7, 5, 12, 12, 12, 10, 10}
26	{6, 6, 5, 5, 2, 6, 7, 2, 5, 3, 5, 6, 7, 5, 4, 3, 4, 6, 2, 2, 6, 6, 6, 5, 7, 6, 7, 6, 3, 7, 4, 6, 5, 8, 1, 2, 8, 2, 6, 3, 6, 5, 3, 5, 5, 3, 2, 7, 3, 4, 6, 5, 10, 3, 6, 3, 7, 6, 3, 4}
27	{8, 6, 3, 5, 8, 3, 3, 4, 5, 5, 7, 4, 3, 6, 3, 3, 7, 4, 5, 7, 1, 5, 2, 6, 7, 6, 6, 8, 8, 10, 3, 8, 2, 3, 8, 6, 3, 3, 4, 5, 2, 7, 4, 9, 9, 7, 6, 6, 6, 3, 1, 4, 3, 1, 6, 5, 3, 6, 7, 5}
28	{1, 7, 7, 6, 4, 4, 5, 7, 4, 7, 4, 5, 5, 4, 6, 8, 6, 7, 4, 4, 3, 1, 6, 7, 5, 6, 3, 2, 5, 5, 5, 5, 1, 5, 8, 6, 6, 6, 5, 2, 4, 5, 7, 6, 6, 5, 8, 6, 7, 6, 4, 5, 6, 6, 5, 4, 7, 8, 6, 5}
29	{7, 7, 6, 9, 4, 5, 2, 2, 8, 6, 6, 5, 2, 2, 4, 2, 3, 3, 5, 5, 4, 10, 4, 4, 3, 7, 7, 4, 4, 4, 7, 6, 1, 2, 3, 4, 4, 5, 7, 7, 5, 7, 9, 9, 7, 2, 3, 3, 6, 4, 6, 7, 6, 5, 10, 5, 4, 4, 3, 3}
30	{5, 7, 8, 2, 6, 4, 3, 5, 1, 6, 4, 3, 3, 4, 8, 5, 7, 5, 4, 6, 1, 7, 1, 8, 3, 5, 5, 1, 9, 2, 8, 4, 6, 3, 2, 3, 7, 3, 3, 4, 6, 4, 7, 6, 4, 8, 1, 7, 5, 3, 7, 3, 4, 2, 4, 7, 6, 5, 6, 9}

Answers

Page Number	Answers
31	{15 , 7 , 19 , 16 , 14 , 7 , 14 , 5 , 9 , 15 , 6 , 16 , 14 , 11 , 10 , 17 , 8 , 13 , 9 , 15 , 9 , 11 , 10 , 13 , 12 , 8 , 6 , 18 , 7 , 17 , 10 , 8 , 10 , 6 , 9 , 6 , 5 , 2 , 12 , 11 , 10 , 6 , 14 , 5 , 14 , 5 , 3 , 10 , 9 , 16 , 16 , 13 , 12 , 14 , 10 , 6 , 5 , 7 , 14 , 9}
32	{1 , 13 , 15 , 18 , 15 , 9 , 14 , 10 , 11 , 13 , 7 , 19 , 14 , 10 , 8 , 7 , 10 , 10 , 4 , 19 , 15 , 12 , 9 , 12 , 13 , 19 , 12 , 11 , 8 , 6 , 9 , 6 , 10 , 5 , 12 , 4 , 18 , 11 , 10 , 2 , 15 , 9 , 7 , 11 , 6 , 17 , 5 , 7 , 12 , 17 , 10 , 14 , 7 , 7 , 8 , 5 , 15 , 9 , 13 , 4}
33	{9 , 6 , 12 , 8 , 10 , 14 , 9 , 8 , 12 , 3 , 11 , 9 , 9 , 10 , 6 , 11 , 15 , 17 , 11 , 9 , 3 , 11 , 17 , 13 , 8 , 6 , 12 , 6 , 12 , 7 , 11 , 12 , 15 , 12 , 12 , 2 , 8 , 17 , 9 , 9 , 12 , 12 , 15 , 14 , 12 , 2 , 8 , 6 , 12 , 13 , 18 , 6 , 10 , 2 , 14 , 7 , 6 , 18 , 16 , 13}
34	{8 , 11 , 16 , 14 , 8 , 9 , 10 , 12 , 9 , 8 , 7 , 13 , 10 , 13 , 16 , 10 , 18 , 6 , 8 , 15 , 7 , 10 , 17 , 19 , 15 , 8 , 12 , 11 , 14 , 3 , 7 , 3 , 16 , 4 , 3 , 11 , 4 , 10 , 5 , 5 , 9 , 2 , 9 , 9 , 7 , 7 , 0 , 15 , 4 , 5 , 15 , 7 , 12 , 4 , 8 , 9 , 15 , 1 , 12 , 3}
35	{9 , 13 , 12 , 11 , 18 , 11 , 3 , 14 , 7 , 8 , 12 , 17 , 3 , 11 , 11 , 4 , 9 , 13 , 6 , 4 , 3 , 6 , 18 , 15 , 7 , 12 , 9 , 1 , 4 , 10 , 7 , 0 , 16 , 10 , 15 , 7 , 8 , 12 , 12 , 16 , 19 , 16 , 5 , 7 , 6 , 5 , 13 , 10 , 9 , 12 , 9 , 10 , 5 , 15 , 12 , 5 , 10 , 9 , 20 , 4}
36	{3 , 15 , 5 , 14 , 6 , 11 , 10 , 10 , 5 , 7 , 8 , 19 , 10 , 13 , 8 , 10 , 10 , 3 , 16 , 7 , 6 , 6 , 16 , 5 , 6 , 18 , 9 , 13 , 13 , 18 , 5 , 9 , 12 , 12 , 13 , 14 , 3 , 8 , 11 , 11 , 12 , 13 , 15 , 10 , 10 , 9 , 3 , 18 , 13 , 7 , 11 , 13 , 19 , 15 , 3 , 13 , 8 , 8 , 11 , 12}

Answers

Page Number	Answers
37	{12 , 10 , 14 , 9 , 5 , 14 , 9 , 14 , 14 , 10 , 11 , 11 , 9 , 7 , 13 , 10 , 9 , 13 , 13 , 3 , 3 , 14 , 13 , 2 , 10 , 7 , 2 , 10 , 19 , 14 , 7 , 9 , 5 , 1 , 11 , 8 , 7 , 12 , 9 , 12 , 8 , 20 , 3 , 13 , 8 , 13 , 9 , 17 , 10 , 10 , 7 , 4 , 10 , 11 , 17 , 11 , 13 , 17 , 13 , 8}
38	{5 , 13 , 12 , 7 , 5 , 13 , 6 , 2 , 7 , 15 , 14 , 13 , 6 , 16 , 15 , 10 , 15 , 9 , 16 , 16 , 14 , 16 , 8 , 5 , 13 , 19 , 10 , 16 , 8 , 14 , 9 , 12 , 14 , 5 , 10 , 16 , 14 , 3 , 10 , 12 , 4 , 9 , 14 , 12 , 15 , 11 , 8 , 7 , 4 , 11 , 9 , 9 , 14 , 8 , 11 , 15 , 17 , 6 , 8 , 5}
39	{8 , 10 , 9 , 14 , 9 , 9 , 10 , 5 , 10 , 10 , 5 , 9 , 10 , 9 , 7 , 5 , 8 , 11 , 7 , 13 , 14 , 6 , 7 , 8 , 5 , 1 , 1 , 8 , 6 , 6 , 7 , 11 , 6 , 4 , 7 , 10 , 15 , 15 , 14 , 14 , 10 , 4 , 14 , 5 , 9 , 12 , 9 , 10 , 15 , 13 , 12 , 8 , 7 , 12 , 16 , 14 , 11 , 9 , 5 , 11}
40	{6 , 5 , 6 , 5 , 5 , 6 , 5 , 4 , 3 , 6 , 4 , 6 , 5 , 7 , 2 , 6 , 5 , 6 , 1 , 4 , 5 , 3 , 8 , 3 , 6 , 9 , 9 , 5 , 4 , 8 , 7 , 5 , 1 , 3 , 4 , 3 , 7 , 4 , 5 , 4 , 6 , 5 , 6 , 6 , 7 , 5 , 8 , 7 , 7 , 6 , 4 , 4 , 7 , 8 , 6 , 5 , 7 , 6 , 8 , 6}
41	{17 , 9 , 10 , 4 , 12 , 4 , 15 , 12 , 10 , 12 , 2 , 9 , 15 , 14 , 10 , 18 , 12 , 10 , 10 , 9 , 3 , 16 , 12 , 14 , 14 , 9 , 6 , 2 , 15 , 14 , 5 , 7 , 11 , 3 , 7 , 5 , 13 , 14 , 7 , 6 , 12 , 4 , 7 , 8 , 13 , 8 , 11 , 16 , 8 , 14 , 11 , 11 , 16 , 16 , 4 , 6 , 9 , 10 , 10 , 10}
42	{8 , 18 , 12 , 12 , 3 , 11 , 4 , 6 , 8 , 10 , 8 , 7 , 4 , 6 , 14 , 7 , 8 , 9 , 6 , 9 , 11 , 14 , 15 , 14 , 16 , 9 , 12 , 18 , 11 , 9 , 7 , 12 , 10 , 7 , 14 , 18 , 10 , 16 , 14 , 16 , 12 , 11 , 10 , 9 , 7 , 10 , 8 , 16 , 13 , 12 , 15 , 9 , 15 , 15 , 6 , 8 , 8 , 8 , 11 , 5}

Answers

Page Number	Answers
43	{12 , 10 , 10 , 11 , 9 , 9 , 11 , 14 , 10 , 14 , 13 , 8 , 11 , 9 , 12 , 5 , 9 , 15 , 13 , 12 , 11 , 4 , 9 , 12 , 8 , 13 , 5 , 9 , 14 , 17 , 11 , 8 , 10 , 11 , 12 , 7 , 17 , 14 , 6 , 2 , 6 , 6 , 16 , 7 , 5 , 4 , 6 , 9 , 12 , 13 , 4 , 5 , 15 , 7 , 14 , 5 , 6 , 5 , 18 , 9}
44	{7 , 7 , 10 , 8 , 16 , 10 , 7 , 7 , 11 , 9 , 5 , 9 , 7 , 3 , 16 , 6 , 14 , 9 , 18 , 6 , 18 , 9 , 13 , 10 , 13 , 19 , 7 , 10 , 9 , 10 , 6 , 8 , 16 , 5 , 14 , 9 , 17 , 10 , 14 , 13 , 9 , 11 , 8 , 10 , 6 , 13 , 15 , 16 , 2 , 4 , 17 , 5 , 5 , 6 , 16 , 17 , 10 , 4 , 14 , 3}
45	{7 , 7 , 14 , 7 , 8 , 6 , 14 , 3 , 9 , 10 , 12 , 14 , 14 , 10 , 15 , 12 , 9 , 10 , 7 , 13 , 13 , 8 , 9 , 11 , 10 , 8 , 2 , 9 , 14 , 8 , 16 , 6 , 11 , 15 , 8 , 11 , 3 , 10 , 4 , 17 , 13 , 5 , 6 , 4 , 18 , 6 , 7 , 14 , 8 , 8 , 17 , 6 , 17 , 16 , 4 , 14 , 10 , 12 , 10 , 14}
46	{16 , 10 , 10 , 9 , 13 , 6 , 13 , 2 , 9 , 19 , 13 , 5 , 13 , 11 , 2 , 16 , 13 , 6 , 13 , 16 , 14 , 10 , 6 , 14 , 13 , 8 , 17 , 7 , 9 , 17 , 9 , 17 , 9 , 13 , 4 , 12 , 11 , 12 , 3 , 5 , 9 , 6 , 4 , 11 , 16 , 8 , 9 , 14 , 10 , 9 , 14 , 4 , 13 , 16 , 4 , 12 , 12 , 10 , 3 , 5}
47	{18 , 10 , 15 , 9 , 11 , 15 , 15 , 15 , 7 , 12 , 9 , 5 , 15 , 10 , 18 , 11 , 4 , 10 , 8 , 13 , 7 , 14 , 7 , 16 , 10 , 8 , 13 , 15 , 16 , 10 , 14 , 15 , 4 , 7 , 12 , 10 , 12 , 4 , 11 , 17 , 3 , 10 , 10 , 5 , 4 , 12 , 11 , 7 , 15 , 11 , 12 , 9 , 4 , 15 , 12 , 12 , 7 , 17 , 6 , 8}
48	{4 , 9 , 5 , 5 , 6 , 5 , 7 , 6 , 8 , 3 , 5 , 1 , 7 , 4 , 2 , 9 , 6 , 3 , 4 , 4 , 3 , 5 , 5 , 6 , 8 , 5 , 5 , 4 , 6 , 7 , 7 , 2 , 5 , 4 , 7 , 4 , 3 , 9 , 4 , 5 , 4 , 4 , 6 , 4 , 5 , 6 , 8 , 3 , 5 , 3 , 8 , 7 , 8 , 6 , 6 , 5 , 6 , 6 , 2 , 6}

Answers

Page Number	Answers
49	{15, 12, 10, 3, 5, 11, 10, 12, 11, 17, 4, 16, 10, 7, 3, 10, 10, 4, 12, 11, 10, 16, 11, 10, 11, 10, 12, 7, 5, 9, 8, 17, 13, 10, 6, 3, 5, 11, 13, 12, 15, 4, 3, 16, 7, 17, 7, 5, 3, 11, 15, 8, 11, 11, 12, 13, 6, 5, 14, 2}
50	{9, 11, 14, 6, 12, 14, 11, 4, 10, 9, 9, 7, 11, 6, 8, 2, 13, 13, 12, 0, 9, 9, 7, 8, 12, 12, 6, 9, 5, 8, 10, 8, 7, 13, 14, 5, 8, 16, 9, 7, 11, 9, 12, 13, 8, 12, 16, 12, 16, 8, 10, 9, 8, 8, 8, 7, 5, 12, 12, 6}
51	{6, 5, 6, 6, 5, 6, 8, 9, 4, 5, 8, 5, 2, 3, 6, 5, 5, 7, 7, 5, 1, 0, 7, 4, 9, 4, 5, 5, 9, 6, 3, 4, 3, 8, 6, 9, 4, 4, 10, 9, 6, 3, 6, 8, 6, 2, 7, 6, 3, 8, 2, 3, 6, 3, 9, 3, 7, 5, 6, 3}
52	{7, 3, 2, 5, 7, 5, 5, 4, 2, 2, 7, 8, 5, 4, 5, 5, 6, 5, 7, 5, 6, 3, 3, 4, 6, 9, 2, 8, 8, 4, 4, 6, 3, 7, 3, 6, 9, 7, 6, 3, 6, 7, 5, 6, 7, 4, 3, 3, 7, 3, 6, 10, 2, 6, 2, 6, 5, 6, 4, 2}
53	{5, 3, 9, 10, 4, 4, 2, 7, 3, 4, 6, 5, 6, 2, 3, 6, 5, 9, 5, 7, 3, 8, 8, 1, 3, 4, 9, 2, 2, 9, 5, 5, 4, 2, 1, 6, 5, 8, 7, 4, 3, 2, 2, 3, 7, 6, 9, 7, 7, 5, 4, 4, 6, 7, 8, 7, 2, 7, 5, 8}
54	{7, 5, 4, 3, 3, 1, 4, 7, 3, 6, 8, 7, 4, 3, 6, 7, 2, 5, 9, 5, 3, 7, 7, 5, 8, 7, 2, 3, 3, 3, 2, 6, 4, 8, 2, 8, 7, 8, 1, 2, 8, 9, 9, 8, 0, 6, 2, 3, 4, 2, 4, 6, 5, 6, 4, 5, 3, 3, 6, 7}

Answers

Page Number	Answers
55	{6,3,7,5,1,7,3,4,7,6,4,7,4,3,5,2,1,5,3,5,5,4,9,3,7,2,7,8,5,6,4,1,4,10,3,7,4,8,1,3,3,8,6,5,6,4,8,5,5,7,5,3,0,7,6,3,5,8,2,1}
56	{8,4,5,4,5,5,3,7,8,3,3,5,3,5,6,6,3,1,1,5,6,1,4,7,4,6,8,7,8,2,5,3,2,8,0,8,6,7,7,5,6,8,6,4,8,3,7,4,8,4,4,4,2,4,7,3,6,6,7,4}
57	{5,7,6,3,7,2,5,3,7,5,8,5,6,2,6,5,8,9,5,3,2,4,1,5,5,3,7,5,5,6,9,9,3,7,5,8,5,9,4,7,7,7,4,3,5,5,5,5,2,6,5,2,10,6,8,6,7,3,5,4}
58	{3,4,5,6,4,5,5,1,4,5,7,3,5,6,3,5,4,4,4,5,6,5,5,3,9,5,5,6,4,7,7,9,9,6,5,5,6,2,5,4,2,5,6,6,3,9,4,2,3,2,7,4,6,1,7,5,4,9,7,8}
59	{3,4,6,4,6,2,2,6,7,7,9,6,6,4,3,8,8,6,3,7,8,7,7,2,8,10,4,4,6,2,6,1,8,6,8,6,4,3,5,3,3,6,4,0,9,3,6,4,4,9,3,1,6,2,3,8,6,7,4,7}
60	{6,8,4,8,6,6,5,4,4,6,4,3,5,5,4,6,5,3,5,3,1,8,6,5,7,8,3,8,8,6,7,6,4,4,4,6,3,4,6,4,7,6,2,6,4,6,4,6,9,4,7,4,2,3,5,1,5,1,4,4}

Answers

Page Number	Answers
61	{11 , 13 , 15 , 4 , 16 , 5 , 16 , 12 , 15 , 8 , 18 , 13 , 12 , 10 , 3 , 9 , 16 , 12 , 12 , 8 , 13 , 6 , 20 , 7 , 9 , 6 , 4 , 15 , 11 , 13 , 17 , 6 , 8 , 16 , 13 , 14 , 12 , 6 , 15 , 14 , 15 , 10 , 4 , 16 , 12 , 8 , 6 , 6 , 11 , 12 , 11 , 8 , 4 , 10 , 11 , 14 , 11 , 2 , 5 , 10}
62	{7 , 15 , 4 , 10 , 13 , 2 , 6 , 4 , 15 , 8 , 15 , 5 , 6 , 11 , 8 , 18 , 13 , 1 , 10 , 9 , 7 , 15 , 11 , 6 , 18 , 8 , 10 , 7 , 19 , 5 , 13 , 9 , 9 , 13 , 10 , 7 , 12 , 12 , 4 , 16 , 12 , 16 , 6 , 5 , 10 , 17 , 13 , 10 , 6 , 11 , 7 , 12 , 16 , 9 , 15 , 10 , 2 , 7 , 3 , 2}
63	{6 , 15 , 5 , 1 , 14 , 10 , 14 , 10 , 7 , 13 , 7 , 4 , 10 , 5 , 2 , 10 , 5 , 5 , 17 , 17 , 4 , 12 , 16 , 5 , 5 , 13 , 8 , 11 , 11 , 10 , 7 , 15 , 7 , 8 , 2 , 11 , 9 , 6 , 15 , 6 , 9 , 11 , 13 , 8 , 14 , 13 , 9 , 6 , 10 , 17 , 9 , 8 , 6 , 11 , 10 , 2 , 1 , 11 , 16 , 9}
64	{8 , 7 , 17 , 15 , 8 , 13 , 12 , 16 , 9 , 7 , 11 , 14 , 12 , 11 , 2 , 13 , 4 , 13 , 9 , 7 , 5 , 18 , 14 , 13 , 11 , 10 , 0 , 10 , 11 , 5 , 6 , 9 , 12 , 6 , 9 , 3 , 9 , 2 , 8 , 15 , 17 , 6 , 11 , 13 , 9 , 5 , 3 , 14 , 12 , 13 , 9 , 6 , 10 , 6 , 10 , 16 , 10 , 5 , 13 , 11}
65	{12 , 10 , 16 , 6 , 7 , 10 , 4 , 7 , 8 , 8 , 8 , 12 , 14 , 5 , 5 , 10 , 17 , 15 , 15 , 4 , 10 , 15 , 7 , 11 , 10 , 3 , 10 , 11 , 3 , 11 , 13 , 10 , 10 , 12 , 9 , 19 , 12 , 15 , 11 , 7 , 5 , 4 , 11 , 8 , 14 , 17 , 14 , 15 , 9 , 11 , 9 , 2 , 13 , 4 , 12 , 11 , 7 , 13 , 2 , 6}
66	{1} 27 {2} 63 {3} 18 {4} 27 {5} 63 {6} 0 {7} 72 {8} 72 {9} 0 {10} 72 {11} 81 {12} 18 {13} 36 {14} 18 {15} 72 {16} 81 {17} 54 {18} 72 {19} 63 {20} 45 {21} 81 {22} 63 {23} 81 {24} 45 {25} 9 {26} 54 {27} 9 {28} 18 {29} 81 {30} 54 {31} 81 {32} 72 {33} 0 {34} 0 {35} 63 {36} 72 {37} 63 {38} 9 {39} 54 {40} 36 {41} 72 {42} 81 {43} 0 {44} 54 {45} 18 {46} 45 {47} 45 {48} 0 {49} 54 {50} 27 {51} 81 {52} 81 {53} 36 {54} 63 {55} 18 {56} 18 {57} 0 {58} 18 {59} 72 {60} 18

Answers

Page Number	Answers
67	{1} 27 {2} 72 {3} 36 {4} 72 {5} 18 {6} 0 {7} 81 {8} 36 {9} 18 {10} 0 {11} 36 {12} 72 {13} 9 {14} 0 {15} 0 {16} 0 {17} 45 {18} 18 {19} 54 {20} 72 {21} 63 {22} 45 {23} 27 {24} 63 {25} 9 {26} 81 {27} 63 {28} 45 {29} 9 {30} 54 {31} 81 {32} 72 {33} 63 {34} 63 {35} 54 {36} 63 {37} 54 {38} 18 {39} 36 {40} 36 {41} 72 {42} 18 {43} 36 {44} 36 {45} 27 {46} 54 {47} 36 {48} 54 {49} 27 {50} 18 {51} 9 {52} 27 {53} 18 {54} 45 {55} 9 {56} 81 {57} 63 {58} 72 {59} 0 {60} 18
68	{1} 54 {2} 18 {3} 63 {4} 81 {5} 54 {6} 0 {7} 45 {8} 0 {9} 18 {10} 18 {11} 54 {12} 63 {13} 81 {14} 9 {15} 45 {16} 27 {17} 18 {18} 45 {19} 36 {20} 63 {21} 9 {22} 27 {23} 9 {24} 27 {25} 0 {26} 18 {27} 0 {28} 54 {29} 81 {30} 54 {31} 72 {32} 54 {33} 18 {34} 27 {35} 72 {36} 27 {37} 0 {38} 63 {39} 63 {40} 45 {41} 27 {42} 18 {43} 81 {44} 81 {45} 9 {46} 9 {47} 81 {48} 27 {49} 72 {50} 27 {51} 45 {52} 27 {53} 9 {54} 36 {55} 9 {56} 63 {57} 45 {58} 63 {59} 27 {60} 18
69	{1} 9 {2} 81 {3} 63 {4} 54 {5} 27 {6} 0 {7} 45 {8} 18 {9} 36 {10} 54 {11} 0 {12} 45 {13} 81 {14} 9 {15} 54 {16} 45 {17} 81 {18} 0 {19} 81 {20} 63 {21} 27 {22} 18 {23} 54 {24} 45 {25} 9 {26} 63 {27} 27 {28} 72 {29} 0 {30} 27 {31} 72 {32} 81 {33} 27 {34} 54 {35} 36 {36} 0 {37} 27 {38} 72 {39} 27 {40} 45 {41} 18 {42} 63 {43} 27 {44} 81 {45} 18 {46} 9 {47} 27 {48} 72 {49} 54 {50} 9 {51} 72 {52} 0 {53} 63 {54} 72 {55} 54 {56} 54 {57} 81 {58} 81 {59} 9 {60} 9
70	{1} 81 {2} 63 {3} 45 {4} 9 {5} 9 {6} 0 {7} 72 {8} 63 {9} 54 {10} 63 {11} 18 {12} 27 {13} 9 {14} 36 {15} 63 {16} 45 {17} 81 {18} 63 {19} 27 {20} 45 {21} 81 {22} 18 {23} 72 {24} 54 {25} 9 {26} 63 {27} 18 {28} 72 {29} 9 {30} 9 {31} 54 {32} 36 {33} 27 {34} 54 {35} 27 {36} 18 {37} 36 {38} 18 {39} 63 {40} 54 {41} 18 {42} 72 {43} 81 {44} 45 {45} 27 {46} 54 {47} 72 {48} 18 {49} 54 {50} 27 {51} 27 {52} 63 {53} 54 {54} 9 {55} 45 {56} 36 {57} 81 {58} 72 {59} 81 {60} 0

Answers

Page Number	Answers
71	{1} 90 {2} 66 {3} 33 {4} 30 {5} 33 {6} 11 {7} 77 {8} 88 {9} 70 {10} 77 {11} 20 {12} 0 {13} 0 {14} 70 {15} 50 {16} 66 {17} 50 {18} 60 {19} 70 {20} 40 {21} 70 {22} 40 {23} 0 {24} 33 {25} 0 {26} 22 {27} 80 {28} 80 {29} 70 {30} 70 {31} 90 {32} 44 {33} 66 {34} 20 {35} 70 {36} 33 {37} 66 {38} 20 {39} 22 {40} 99 {41} 20 {42} 55 {43} 80 {44} 99 {45} 99 {46} 90 {47} 10 {48} 30 {49} 50 {50} 55 {51} 66 {52} 10 {53} 44 {54} 40 {55} 55 {56} 60 {57} 77 {58} 44 {59} 60 {60} 80
72	{1} 60 {2} 11 {3} 66 {4} 0 {5} 77 {6} 0 {7} 22 {8} 0 {9} 80 {10} 22 {11} 80 {12} 90 {13} 11 {14} 20 {15} 60 {16} 22 {17} 20 {18} 70 {19} 70 {20} 50 {21} 70 {22} 20 {23} 33 {24} 55 {25} 0 {26} 0 {27} 70 {28} 0 {29} 60 {30} 60 {31} 0 {32} 99 {33} 88 {34} 0 {35} 50 {36} 11 {37} 33 {38} 60 {39} 77 {40} 66 {41} 90 {42} 77 {43} 80 {44} 99 {45} 22 {46} 0 {47} 20 {48} 30 {49} 70 {50} 44 {51} 11 {52} 70 {53} 66 {54} 20 {55} 44 {56} 0 {57} 0 {58} 22 {59} 30 {60} 40
73	{1} 80 {2} 77 {3} 88 {4} 0 {5} 99 {6} 11 {7} 77 {8} 11 {9} 80 {10} 22 {11} 0 {12} 80 {13} 22 {14} 20 {15} 50 {16} 44 {17} 20 {18} 20 {19} 70 {20} 20 {21} 0 {22} 70 {23} 22 {24} 33 {25} 11 {26} 88 {27} 10 {28} 60 {29} 70 {30} 10 {31} 80 {32} 11 {33} 66 {34} 70 {35} 20 {36} 77 {37} 0 {38} 20 {39} 77 {40} 77 {41} 10 {42} 55 {43} 0 {44} 77 {45} 0 {46} 70 {47} 40 {48} 20 {49} 40 {50} 99 {51} 22 {52} 10 {53} 88 {54} 30 {55} 44 {56} 60 {57} 88 {58} 88 {59} 10 {60} 90
74	{1} 10 {2} 66 {3} 66 {4} 40 {5} 22 {6} 0 {7} 55 {8} 33 {9} 80 {10} 99 {11} 30 {12} 60 {13} 55 {14} 60 {15} 80 {16} 44 {17} 50 {18} 30 {19} 50 {20} 30 {21} 10 {22} 20 {23} 0 {24} 11 {25} 0 {26} 55 {27} 10 {28} 80 {29} 10 {30} 40 {31} 0 {32} 0 {33} 22 {34} 70 {35} 80 {36} 55 {37} 11 {38} 70 {39} 22 {40} 88 {41} 0 {42} 0 {43} 70 {44} 55 {45} 44 {46} 0 {47} 90 {48} 90 {49} 0 {50} 88 {51} 55 {52} 10 {53} 11 {54} 0 {55} 66 {56} 80 {57} 77 {58} 33 {59} 70 {60} 10

Answers

Page Number	Answers
75	{1} 70 {2} 11 {3} 99 {4} 60 {5} 77 {6} 0 {7} 0 {8} 11 {9} 20 {10} 33 {11} 10 {12} 30 {13} 77 {14} 80 {15} 0 {16} 88 {17} 70 {18} 60 {19} 70 {20} 80 {21} 60 {22} 70 {23} 88 {24} 99 {25} 11 {26} 22 {27} 50 {28} 50 {29} 80 {30} 40 {31} 70 {32} 55 {33} 77 {34} 10 {35} 60 {36} 0 {37} 99 {38} 60 {39} 11 {40} 0 {41} 40 {42} 44 {43} 10 {44} 11 {45} 0 {46} 20 {47} 60 {48} 90 {49} 60 {50} 44 {51} 88 {52} 10 {53} 66 {54} 40 {55} 11 {56} 0 {57} 99 {58} 88 {59} 60 {60} 60
76	{1} 24 {2} 0 {3} 96 {4} 0 {5} 60 {6} 0 {7} 60 {8} 24 {9} 24 {10} 36 {11} 12 {12} 72 {13} 36 {14} 48 {15} 96 {16} 0 {17} 24 {18} 84 {19} 0 {20} 0 {21} 24 {22} 108 {23} 72 {24} 108 {25} 0 {26} 108 {27} 60 {28} 72 {29} 24 {30} 0 {31} 48 {32} 36 {33} 36 {34} 24 {35} 12 {36} 108 {37} 96 {38} 48 {39} 48 {40} 36 {41} 48 {42} 108 {43} 0 {44} 72 {45} 12 {46} 36 {47} 0 {48} 84 {49} 36 {50} 96 {51} 36 {52} 12 {53} 48 {54} 96 {55} 48 {56} 36 {57} 48 {58} 60 {59} 108 {60} 96
77	{1} 48 {2} 96 {3} 72 {4} 84 {5} 108 {6} 0 {7} 72 {8} 60 {9} 72 {10} 96 {11} 60 {12} 36 {13} 72 {14} 0 {15} 96 {16} 24 {17} 84 {18} 60 {19} 36 {20} 96 {21} 24 {22} 72 {23} 72 {24} 72 {25} 12 {26} 48 {27} 48 {28} 84 {29} 84 {30} 108 {31} 36 {32} 72 {33} 48 {34} 108 {35} 24 {36} 36 {37} 0 {38} 60 {39} 48 {40} 96 {41} 84 {42} 48 {43} 96 {44} 24 {45} 72 {46} 60 {47} 24 {48} 48 {49} 96 {50} 24 {51} 36 {52} 36 {53} 72 {54} 60 {55} 36 {56} 72 {57} 24 {58} 12 {59} 12 {60} 12
78	{1} 72 {2} 72 {3} 12 {4} 96 {5} 108 {6} 12 {7} 72 {8} 72 {9} 84 {10} 96 {11} 84 {12} 84 {13} 96 {14} 84 {15} 108 {16} 0 {17} 60 {18} 24 {19} 108 {20} 108 {21} 108 {22} 108 {23} 12 {24} 12 {25} 12 {26} 96 {27} 108 {28} 84 {29} 60 {30} 24 {31} 36 {32} 12 {33} 108 {34} 72 {35} 84 {36} 84 {37} 72 {38} 84 {39} 72 {40} 0 {41} 60 {42} 72 {43} 84 {44} 96 {45} 108 {46} 0 {47} 36 {48} 72 {49} 48 {50} 60 {51} 12 {52} 72 {53} 108 {54} 96 {55} 60 {56} 48 {57} 60 {58} 60 {59} 0 {60} 0

Answers

Page Number	Answers
79	{1} 12 {2} 84 {3} 36 {4} 84 {5} 0 {6} 0 {7} 60 {8} 72 {9} 36 {10} 84 {11} 60 {12} 72 {13} 12 {14} 72 {15} 108 {16} 0 {17} 0 {18} 12 {19} 24 {20} 48 {21} 48 {22} 12 {23} 60 {24} 60 {25} 0 {26} 0 {27} 48 {28} 48 {29} 12 {30} 72 {31} 48 {32} 108 {33} 0 {34} 108 {35} 108 {36} 0 {37} 0 {38} 48 {39} 72 {40} 108 {41} 96 {42} 24 {43} 48 {44} 0 {45} 0 {46} 12 {47} 84 {48} 72 {49} 36 {50} 24 {51} 60 {52} 12 {53} 108 {54} 84 {55} 84 {56} 72 {57} 12 {58} 36 {59} 60 {60} 108
80	{1} 60 {2} 84 {3} 0 {4} 60 {5} 48 {6} 0 {7} 12 {8} 108 {9} 0 {10} 36 {11} 84 {12} 24 {13} 0 {14} 108 {15} 36 {16} 96 {17} 0 {18} 12 {19} 60 {20} 48 {21} 84 {22} 96 {23} 0 {24} 72 {25} 0 {26} 60 {27} 72 {28} 84 {29} 48 {30} 12 {31} 108 {32} 60 {33} 84 {34} 12 {35} 48 {36} 96 {37} 0 {38} 108 {39} 24 {40} 12 {41} 96 {42} 60 {43} 24 {44} 48 {45} 84 {46} 60 {47} 48 {48} 24 {49} 12 {50} 36 {51} 12 {52} 0 {53} 12 {54} 0 {55} 48 {56} 48 {57} 24 {58} 60 {59}12 {60}96
81	{1} 24 {2} 12 {3} 40 {4} 48 {5} 108 {6} 1 {7} 1 {8} 40 {9} 108 {10} 0 {11} 27 {12} 36 {13} 0 {14} 6 {15} 0 {16} 6 {17} 12 {18} 0 {19} 6 {20} 3 {21} 11 {22} 21 {23} 12 {24} 16 {25} 8 {26} 9 {27} 24 {28} 28 {29} 27 {30} 108 {31} 32 {32} 21 {33} 21 {34} 3 {35} 0 {36} 25 {37} 0 {38} 36 {39} 88 {40} 14 {41} 22 {42} 30 {43} 48 {44} 22 {45} 9 {46} 8 {47} 8 {48} 9 {49} 54 {50} 30 {51} 5 {52} 24 {53} 28 {54} 2 {55} 20 {56} 63 {57} 28 {58} 6 {59} 6 {60} 45
82	{1} 0 {2} 48 {3} 36 {4} 60 {5} 12 {6} 0 {7} 0 {8} 15 {9} 15 {10} 72 {11} 33 {12} 0 {13} 12 {14} 0 {15} 28 {16} 4 {17} 63 {18} 36 {19} 45 {20} 99 {21} 12 {22} 6 {23} 15 {24} 48 {25} 8 {26} 0 {27} 14 {28} 12 {29} 18 {30} 0 {31} 0 {32} 30 {33} 0 {34} 30 {35} 9 {36} 48 {37} 27 {38} 30 {39} 77 {40} 0 {41} 6 {42} 15 {43} 88 {44} 99 {45} 10 {46} 63 {47} 36 {48} 72 {49} 0 {50} 66 {51} 24 {52} 0 {53} 6 {54} 5 {55} 54 {56} 8 {57} 0 {58} 60 {59} 0 {60} 24

Answers

Page Number	Answers
83	{1} 18 {2} 16 {3} 5 {4} 84 {5} 6 {6} 0 {7} 81 {8} 0 {9} 1 {10} 60 {11} 99 {12} 40 {13} 48 {14} 8 {15} 12 {16} 48 {17} 6 {18} 30 {19} 6 {20} 36 {21} 77 {22} 10 {23} 20 {24} 0 {25} 11 {26} 2 {27} 15 {28} 10 {29} 8 {30} 8 {31} 99 {32} 27 {33} 48 {34} 48 {35} 32 {36} 0 {37} 0 {38} 20 {39} 0 {40} 6 {41} 16 {42} 50 {43} 14 {44} 3 {45} 20 {46} 36 {47} 8 {48} 14 {49} 54 {50} 70 {51} 16 {52} 36 {53} 35 {54} 24 {55} 0 {56} 20 {57} 60 {58} 4 {59} 84 {60} 80
84	{1} 49 {2} 11 {3} 6 {4} 72 {5} 30 {6} 2 {7} 28 {8} 14 {9} 108 {10} 45 {11} 24 {12} 99 {13} 90 {14} 0 {15} 15 {16} 12 {17} 18 {18} 27 {19} 18 {20} 30 {21} 96 {22} 0 {23} 27 {24} 0 {25} 0 {26} 6 {27} 36 {28} 0 {29} 4 {30} 77 {31} 72 {32} 0 {33} 0 {34} 18 {35} 6 {36} 35 {37} 0 {38} 0 {39} 77 {40} 36 {41} 96 {42} 0 {43} 21 {44} 0 {45} 0 {46} 36 {47} 14 {48} 27 {49} 10 {50} 16 {51} 10 {52} 0 {53} 20 {54} 14 {55} 9 {56} 63 {57} 18 {58} 0 {59} 21 {60} 0
85	{1} 7 {2} 16 {3} 27 {4} 72 {5} 90 {6} 0 {7} 18 {8} 6 {9} 18 {10} 0 {11} 9 {12} 20 {13} 0 {14} 36 {15} 25 {16} 48 {17} 0 {18} 11 {19} 30 {20} 5 {21} 5 {22} 4 {23} 21 {24} 18 {25} 7 {26} 99 {27} 24 {28} 55 {29} 0 {30} 99 {31} 5 {32} 0 {33} 80 {34} 72 {35} 33 {36} 18 {37} 64 {38} 25 {39} 12 {40} 25 {41} 16 {42} 88 {43} 9 {44} 0 {45} 0 {46} 0 {47} 6 {48} 0 {49} 21 {50} 10 {51} 0 {52} 84 {53} 49 {54} 48 {55} 0 {56} 0 {57} 0 {58} 35 {59} 6 {60} 21
86	{1} 77 {2} 0 {3} 14 {4} 12 {5} 35 {6} 0 {7} 28 {8} 99 {9} 21 {10} 0 {11} 30 {12} 50 {13} 45 {14} 0 {15} 60 {16} 7 {17} 30 {18} 11 {19} 0 {20} 20 {21} 12 {22} 0 {23} 18 {24} 60 {25} 0 {26} 7 {27} 45 {28} 24 {29} 42 {30} 11 {31} 3 {32} 60 {33} 42 {34} 4 {35} 8 {36} 35 {37} 14 {38} 0 {39} 25 {40} 4 {41} 21 {42} 12 {43} 0 {44} 48 {45} 0 {46} 33 {47} 10 {48} 42 {49} 20 {50} 36 {51} 99 {52} 0 {53} 18 {54} 81 {55} 9 {56} 35 {57} 8 {58} 77 {59} 0 {60} 27

Answers

Page Number	Answers
87	{1} 45 {2} 9 {3} 12 {4} 0 {5} 0 {6} 11 {7} 30 {8} 8 {9} 80 {10} 40 {11} 10 {12} 48 {13} 7 {14} 72 {15} 42 {16} 88 {17} 18 {18} 16 {19} 54 {20} 88 {21} 18 {22} 27 {23} 1 {24} 4 {25} 2 {26} 24 {27} 20 {28} 0 {29} 0 {30} 54 {31} 0 {32} 72 {33} 4 {34} 0 {35} 16 {36} 6 {37} 36 {38} 40 {39} 20 {40} 24 {41} 0 {42} 24 {43} 0 {44} 3 {45} 32 {46} 64 {47} 0 {48} 108 {49} 0 {50} 0 {51} 36 {52} 12 {53} 24 {54} 36 {55} 45 {56} 14 {57} 0 {58} 0 {59} 24 {60} 48
88	{1} 3 {2} 0 {3} 40 {4} 60 {5} 4 {6} 0 {7} 3 {8} 60 {9} 6 {10} 48 {11} 0 {12} 0 {13} 36 {14} 14 {15} 12 {16} 30 {17} 56 {18} 12 {19} 32 {20} 10 {21} 0 {22} 63 {23} 21 {24} 2 {25} 4 {26} 30 {27} 8 {28} 6 {29} 45 {30} 0 {31} 24 {32} 2 {33} 1 {34} 25 {35} 16 {36} 32 {37} 81 {38} 50 {39} 4 {40} 36 {41} 96 {42} 10 {43} 0 {44} 10 {45} 84 {46} 0 {47} 18 {48} 66 {49} 0 {50} 18 {51} 7 {52} 96 {53} 12 {54} 50 {55} 1 {56} 36 {57} 27 {58} 0 {59} 6 {60} 4
89	{1} 70 {2} 3 {3} 40 {4} 144 {5} 33 {6} 5 {7} 60 {8} 49 {9} 42 {10} 3 {11} 36 {12} 35 {13} 2 {14} 24 {15} 0 {16} 20 {17} 0 {18} 6 {19} 9 {20} 28 {21} 18 {22} 48 {23} 108 {24} 0 {25} 11 {26} 40 {27} 12 {28} 25 {29} 14 {30} 0 {31} 48 {32} 0 {33} 12 {34} 0 {35} 36 {36} 18 {37} 24 {38} 12 {39} 24 {40} 6 {41} 40 {42} 63 {43} 0 {44} 0 {45} 14 {46} 1 {47} 48 {48} 25 {49} 14 {50} 6 {51} 24 {52} 50 {53} 4 {54} 72 {55} 12 {56} 84 {57} 55 {58} 0 {59} 7 {60} 2
90	{1} 10 {2} 2 {3} 96 {4} 120 {5} 0 {6} 2 {7} 48 {8} 12 {9} 2 {10} 9 {11} 16 {12} 0 {13} 0 {14} 0 {15} 2 {16} 10 {17} 0 {18} 0 {19} 0 {20} 18 {21} 32 {22} 72 {23} 9 {24} 27 {25} 0 {26} 27 {27} 0 {28} 20 {29} 0 {30} 77 {31} 60 {32} 90 {33} 0 {34} 4 {35} 36 {36} 3 {37} 7 {38} 14 {39} 45 {40} 5 {41} 16 {42} 54 {43} 11 {44} 6 {45} 0 {46} 50 {47} 28 {48} 0 {49} 56 {50} 0 {51} 0 {52} 2 {53} 0 {54} 8 {55} 81 {56} 2 {57} 10 {58} 25 {59} 0 {60} 40

Answers

Page Number	Answers
91	{1} 45 {2} 4 {3} 70 {4} 96 {5} 0 {6} 0 {7} 30 {8} 0 {9} 0 {10} 90 {11} 0 {12} 40 {13} 5 {14} 15 {15} 0 {16} 8 {17} 48 {18} 0 {19} 15 {20} 3 {21} 48 {22} 44 {23} 16 {24} 0 {25} 10 {26} 24 {27} 12 {28} 0 {29} 45 {30} 0 {31} 72 {32} 27 {33} 0 {34} 24 {35} 0 {36} 21 {37} 16 {38} 66 {39} 11 {40} 28 {41} 9 {42} 35 {43} 10 {44} 0 {45} 77 {46} 60 {47} 50 {48} 6 {49} 14 {50} 72 {51} 0 {52} 5 {53} 99 {54} 35 {55} 55 {56} 5 {57} 0 {58} 1 {59} 8 {60} 27
92	{1} 18 {2} 32 {3} 40 {4} 48 {5} 32 {6} 0 {7} 12 {8} 5 {9} 0 {10} 0 {11} 0 {12} 48 {13} 25 {14} 0 {15} 10 {16} 45 {17} 15 {18} 33 {19} 28 {20} 11 {21} 42 {22} 0 {23} 35 {24} 80 {25} 8 {26} 32 {27} 4 {28} 9 {29} 66 {30} 40 {31} 28 {32} 84 {33} 44 {34} 0 {35} 0 {36} 36 {37} 24 {38} 8 {39} 0 {40} 35 {41} 50 {42} 35 {43} 15 {44} 0 {45} 56 {46} 0 {47} 6 {48} 54 {49} 8 {50} 45 {51} 9 {52} 0 {53} 32 {54} 0 {55} 36 {56} 30 {57} 0 {58} 40 {59} 1 {60} 27
93	{1} 80 {2} 8 {3} 0 {4} 48 {5} 9 {6} 2 {7} 36 {8} 5 {9} 32 {10} 66 {11} 0 {12} 30 {13} 40 {14} 48 {15} 1 {16} 0 {17} 5 {18} 30 {19} 96 {20} 8 {21} 7 {22} 40 {23} 8 {24} 45 {25} 12 {26} 6 {27} 24 {28} 81 {29} 55 {30} 4 {31} 64 {32} 0 {33} 12 {34} 12 {35} 22 {36} 18 {37} 0 {38} 63 {39} 10 {40} 21 {41} 48 {42} 12 {43} 80 {44} 16 {45} 21 {46} 8 {47} 0 {48} 0 {49} 0 {50} 0 {51} 32 {52} 0 {53} 24 {54} 66 {55} 24 {56} 0 {57} 55 {58} 2 {59} 12 {60} 72
94	{1} 0 {2} 20 {3} 6 {4} 60 {5} 0 {6} 6 {7} 0 {8} 80 {9} 7 {10} 40 {11} 56 {12} 9 {13} 0 {14} 0 {15} 0 {16} 12 {17} 0 {18} 5 {19} 8 {20} 4 {21} 12 {22} 27 {23} 40 {24} 36 {25} 0 {26} 0 {27} 0 {28} 72 {29} 55 {30} 7 {31} 12 {32} 25 {33} 22 {34} 45 {35} 27 {36} 3 {37} 15 {38} 49 {39} 36 {40} 33 {41} 4 {42} 35 {43} 40 {44} 9 {45} 81 {46} 35 {47} 12 {48} 2 {49} 30 {50} 36 {51} 36 {52} 24 {53} 27 {54} 24 {55} 1 {56} 0 {57} 63 {58} 33 {59} 24 {60} 18

Page Number	Answers
95	{1} 6 {2} 56 {3} 108 {4} 48 {5} 12 {6} 0 {7} 4 {8} 33 {9} 0 {10} 49 {11} 0 {12} 0 {13} 5 {14} 49 {15} 81 {16} 22 {17} 0 {18} 12 {19} 11 {20} 35 {21} 6 {22} 18 {23} 0 {24} 77 {25} 0 {26} 10 {27} 8 {28} 108 {29} 15 {30} 20 {31} 16 {32} 5 {33} 0 {34} 9 {35} 99 {36} 2 {37} 12 {38} 0 {39} 0 {40} 22 {41} 0 {42} 8 {43} 40 {44} 8 {45} 18 {46} 32 {47} 28 {48} 8 {49} 0 {50} 36 {51} 27 {52} 35 {53} 44 {54} 0 {55} 8 {56} 36 {57} 9 {58} 24 {59} 60 {60} 0
96	{1} 66 {2} 63 {3} 16 {4} 84 {5} 12 {6} 0 {7} 0 {8} 15 {9} 14 {10} 0 {11} 108 {12} 5 {13} 44 {14} 45 {15} 1 {16} 32 {17} 99 {18} 15 {19} 2 {20} 0 {21} 3 {22} 21 {23} 0 {24} 8 {25} 3 {26} 6 {27} 0 {28} 8 {29} 6 {30} 10 {31} 0 {32} 16 {33} 60 {34} 28 {35} 0 {36} 56 {37} 16 {38} 48 {39} 0 {40} 2 {41} 30 {42} 5 {43} 8 {44} 18 {45} 6 {46} 12 {47} 0 {48} 48 {49} 0 {50} 9 {51} 12 {52} 0 {53} 63 {54} 0 {55} 12 {56} 0 {57} 20 {58} 24 {59} 12 {60} 6
97	{1} 40 {2} 11 {3} 60 {4} 60 {5} 96 {6} 0 {7} 16 {8} 3 {9} 70 {10} 36 {11} 0 {12} 63 {13} 48 {14} 40 {15} 0 {16} 35 {17} 99 {18} 12 {19} 10 {20} 32 {21} 16 {22} 60 {23} 16 {24} 9 {25} 0 {26} 10 {27} 5 {28} 0 {29} 2 {30} 0 {31} 14 {32} 42 {33} 63 {34} 0 {35} 63 {36} 63 {37} 27 {38} 36 {39} 72 {40} 25 {41} 5 {42} 88 {43} 15 {44} 10 {45} 0 {46} 77 {47} 8 {48} 36 {49} 55 {50} 35 {51} 25 {52} 40 {53} 55 {54} 6 {55} 54 {56} 10 {57} 55 {58} 4 {59} 0 {60} 8
98	{1} 0 {2} 3 {3} 32 {4} 144 {5} 56 {6} 6 {7} 35 {8} 50 {9} 20 {10} 0 {11} 2 {12} 24 {13} 30 {14} 0 {15} 48 {16} 0 {17} 12 {18} 108 {19} 0 {20} 9 {21} 0 {22} 42 {23} 30 {24} 8 {25} 0 {26} 0 {27} 0 {28} 0 {29} 33 {30} 5 {31} 90 {32} 27 {33} 0 {34} 24 {35} 56 {36} 36 {37} 25 {38} 0 {39} 0 {40} 48 {41} 84 {42} 72 {43} 10 {44} 0 {45} 44 {46} 12 {47} 5 {48} 5 {49} 0 {50} 45 {51} 108 {52} 9 {53} 63 {54} 45 {55} 35 {56} 36 {57} 4 {58} 20 {59} 1 {60} 24

Answers

Page Number	Answers
99	{1} 0 {2} 6 {3} 32 {4} 72 {5} 60 {6} 0 {7} 10 {8} 0 {9} 0 {10} 0 {11} 63 {12} 1 {13} 4 {14} 54 {15} 84 {16} 36 {17} 0 {18} 36 {19} 2 {20} 14 {21} 18 {22} 0 {23} 0 {24} 0 {25} 12 {26} 18 {27} 54 {28} 35 {29} 3 {30} 0 {31} 0 {32} 0 {33} 40 {34} 36 {35} 40 {36} 40 {37} 72 {38} 60 {39} 48 {40} 42 {41} 32 {42} 88 {43} 40 {44} 0 {45} 72 {46} 10 {47} 42 {48} 10 {49} 12 {50} 6 {51} 63 {52} 0 {53} 66 {54} 81 {55} 0 {56} 15 {57} 28 {58} 12 {59} 44 {60} 48
100	{1} 14 {2} 66 {3} 42 {4} 12 {5} 0 {6} 12 {7} 0 {8} 0 {9} 0 {10} 44 {11} 9 {12} 0 {13} 6 {14} 12 {15} 42 {16} 6 {17} 4 {18} 25 {19} 4 {20} 9 {21} 14 {22} 6 {23} 54 {24} 0 {25} 3 {26} 8 {27} 30 {28} 18 {29} 56 {30} 12 {31} 0 {32} 12 {33} 36 {34} 40 {35} 16 {36} 24 {37} 88 {38} 12 {39} 48 {40} 0 {41} 30 {42} 0 {43} 70 {44} 12 {45} 8 {46} 24 {47} 12 {48} 0 {49} 4 {50} 24 {51} 6 {52} 9 {53} 36 {54} 70 {55} 30 {56} 4 {57} 99 {58} 14 {59} 1 {60} 54

www.ingramcontent.com/pod-product-compliance
Lightning Source LLC
Chambersburg PA
CBHW060420220526
45465CB00008B/2951